Für Merete

Bibliografische Information der Deutschen Nationalbibliothek
Die Deutsche Nationalbibliothek verzeichnet diese Publikation
in der Deutschen Nationalbibliografie; detaillierte bibliografische Daten
sind im Internet über http://dnb.d-nb.de abrufbar.

© 2012 Verlag Neue Zürcher Zeitung, Zürich

Gestaltung Umschlag: GYSIN [Konzept+Gestaltung], Chur
Gestaltung und Satz: Claudia Wild, Konstanz
Druck, Einband: Kösel GmbH, Altusried-Krugzell

Lizenzausgabe für alle Länder ausser der Schweiz:
Wiley-VCH Verlag GmbH & Co. KGaA,
Boschstrasse 12, D-69469 Weinheim

ISBN 978-3-527-33339-4

www.wiley-vch.de

INHALT

Vorwort

Mit 19 Geschichten führt uns Gottfried Schatz zum dritten Mal nach seinen Büchern *Jenseits der Gene* und *Feuersucher* in das unendliche Reich der Natur, in den «Zaubergarten» der Biologie. Einige Eigenschaften der Natur kennen wir oder meinen, uns dessen sicher zu sein, über andere streiten und an anderen verzweifeln wir. Wie Märchen ihre Geschichten mit dem Satz «Es war einmal» einleiten, setzt Gottfried Schatz an den Anfang seiner Essays eine Beobachtung oder eine Frage. Er beschreibt Begebenheiten, wie sie einmal wahrgenommen wurden und was wir heute über sie wissen, und lässt uns an dem Wundersamen von Naturphänomenen teilhaben. Die Geschichten sind echte Mären, Berichte oder Nachrichten, die der Autor auf einnehmende Art inszeniert, so wie der Märchenerzähler die Rapunzelgeschichte erzählt und uns in Bildern miterleben lässt. Wie im Märchen, so auch hier, meinen wir, weil es so einfach, kurz und klar erzählt ist, wir begreifen es und könnten es weitererzählen. Es sind «wahre» Geschichten, die etwas Allgemeingültiges haben – und trotzdem, es bleibt eine unsichere Offenheit in jedem Kapitel erhalten.

Der grosse britische Biologe Sir Peter Medawar hat zwei extreme Arten von Wissenschaftlern unterschieden: Die einen beobachten ein Naturphänomen oder eine Krankheit und machen sich auf den Weg, diese zu erforschen und vielleicht einmal zu verstehen. Die anderen stellen eine theoretische Frage in die Welt und versuchen, diese mit Experimenten zu beweisen («begging for the question»). Gottfried Schatz gehört zu Ersteren: Auch er stellt an den Anfang immer die Beobachtung, die Frage, das Unerklärte und engt dann die Lösungswege über Experimente, Beobachtungen, Vorschläge, Hypothesen und vor allem gesunden Menschenverstand ein. Diesen schwierigen, aber faszinierenden Weg des Naturforschers lässt er den Leser logisch nachvollziehen, um ihm zu erweiterten Einsichten und beglückenden Antworten zu verhelfen.

Naturphänomene und seine eigene Forschung dienen dem Autor als Ausgangspunkt für die vielen Fragen der Natur und des Menschseins, die er wunderbar in eine verständliche Sprache übersetzt. Verdankt er dies seiner Universalität, seiner Beziehung zur Musik oder der Erzählgabe seiner Vorfahren? Jedenfalls ist jede Geschichte ein kleines Kunstwerk, das uns packt, Neues lehrt und deshalb glücklich macht. Viel Genuss beim Flanieren im Zaubergarten der Biologie.

Rolf Zinkernagel

Träger des Nobelpreises für Physiologie oder Medizin 1996

DER KLEINE WARME TÜMPEL

WAS URTÜMLICHE EINZELLER VON DER FRÜHZEIT DES LEBENS BERICHTEN

Wir wissen nicht, wie Leben auf der Erde begann und wie die ersten Lebewesen beschaffen waren. Sie dürften jedoch den primitiven Einzellern geglichen haben, die heute im kochend heissen Wasser schwefelhaltiger Geysire und unterseeischer Erdspalten leben.

Woher kommen wir?» Diese Frage hat uns Menschen seit Urzeiten beschäftigt, doch lange konnten allein Mythen und heilige Bücher uns darauf eine Antwort geben. Erst als Biologen über die Entstehung der vielfältigen Lebensformen nachzudenken begannen, erkannten sie, dass diese keine einmaligen Schöpfungen waren, sondern sich unaufhörlich zu neuen Lebensformen wandelten. An diesem Stammbaum des Lebens sind wir Menschen nur ein winziger und später Zweig. Doch wo liegen die Wurzeln dieses Baums? Wie begann Leben auf unserer Erde?

Diese Frage werden wir wohl nie mit letzter Sicherheit beantworten können. Wir wissen aber, dass unsere Erde schon bald nach ihrer Entstehung Leben trug. Kurz zuvor hatte der Aufprall eines verirrten Planeten sie in einen weissglühenden Feuerball verwandelt und ihr dabei den Mond entrissen, und in den folgenden Hunderten Jahrmillionen schlugen gewaltige Meteore ihr unzählige Krater, die heute wieder eingeebnet sind. Doch als vor 3,6 bis 3,8 Milliarden Jahren wieder Ruhe einkehrte, gab es bereits Leben. Waren die heissen Krater vielleicht Retorten, in denen unbelebte Materie sich zu Leben formte? Könnte es sein, dass das biblische Paradies fatal der Hölle glich?

Tatsächlich leben heute die urtümlichsten der uns bekannten Lebewesen in kochend heissen Geysiren und Schwefelquellen, in kilometertiefen Erdspalten und sogar in glosendem Kohleschutt. Ihr extremster Lebensraum sind jedoch Erdspalten am Meeresboden, denen bis zu 500 Grad heisses Wasser entquillt. Wenn dieses Wasser, das wegen des hohen Drucks nicht siedet, auf das eiskalte Wasser am Meeresgrund trifft, entlässt es gelöste Metallsalze, die als dichter Rauch nach oben steigen und diesen unterseeischen Erdspalten den Namen «Schwarze Raucher» gegeben haben. In dieser heissen, lichtlosen und chemisch hoch reaktiven Unterwelt tummeln sich Mikroorganismen, welche die primitivsten und widerstandsfähigsten aller bekannten Lebewesen sind. Einige von ihnen sind kleiner als die Wellenlänge des grünen Lichts; andere verwenden für ihren Stoffwechsel das in Zellen nur ganz selten vorkommende Metall Wolfram; viele vermehren sich nur bei 100 Grad Celsius und stellen unterhalb von 80 bis 90 Grad ihr Wachstum ein; und wieder andere überleben Temperaturen von bis zu 130 Grad. Warum ihre Proteine so hitzebeständig sind, ist noch rätselhaft, da sie weitgehend den unseren gleichen. Unter dem Mikroskop sehen diese Einzeller zwar wie Bakterien aus, haben aber mit diesen sonst wenig gemein. Deshalb ordnen wir sie der Domäne *Archaea* zu. Ihr Erbmaterial verrät, dass sie am Stammbaum des Lebens den untersten Ast bilden. Sie sind die engsten überlebenden Verwandten des unbekannten Urwesens, von dem alles Leben auf unserer Erde abstammt.

Auch der Stoffwechsel dieser Einzeller trägt den Stempel einer urtümlichen und vulkanischen Welt. Viele von ihnen gewinnen ihre Lebensenergie weder aus Sonnenlicht noch durch die Verwertung von Biomasse, sondern über geochemische Prozesse. Anders als die meisten heutigen Lebewesen sind sie nicht Kinder des Lichts, sondern Geschöpfe der

Unterwelt. Man fand sie in 20 Millionen Jahre altem heissem Wasser aus der südafrikanischen Mponeng-Goldmine, einer der tiefsten Minenschächte der Welt. Diese Hadesbewohner benützen als Energiequellen Wasserstoffgas und schwefelhaltige Salze, die sie zu übelriechendem Schwefelwasserstoff umsetzen. Das Wasserstoffgas bildet sich durch die Einwirkung von heissem Wasser auf eisenhaltige Basalte. Das Leben um uns herum nährt sich von Luft und Licht – das Leben im Erdinneren von Wasser und Gestein.

Obwohl es diesen unterirdischen Einzellern offenbar nicht an Energie mangelt, wachsen sie milliardenfach langsamer als die meisten anderen Mikroorganismen. Wahrscheinlich fehlt es ihnen an biologisch verwertbarem Stickstoff, der ja selbst an der Erdoberfläche kostbare Mangelware ist. Wie viel Leben regt sich wohl in den Tiefen unserer Erde – oder auf anderen Planeten oder Monden unseres Sonnensystems? Sollten wir je Leben anderswo in unserem Sonnensystem finden, wird es wahrscheinlich dem gleichen, das wir in den Tiefen unserer Erdkruste und den Spalten unserer Meeresböden finden.

Oft vergessen wir, welch unvollständiges und verzerrtes Bild unsere Sinne vom Leben auf der Erde zeichnen. Mehr als die Hälfte aller Biomasse besteht aus Bakterien und *Archaea*, von denen wir die Mehrzahl noch gar nicht kennen. Wir haben bisher weniger als 10 000 von ihnen identifiziert – nicht einmal ein Tausendstel der 10 Millionen Arten, die es wahrscheinlich gibt. Und nur eine einzige von ihnen könnte kraft ihrer besonderen Eigenschaften unsere heutigen Vorstellungen von der Entstehung des Lebens völlig über den Haufen werfen.

Eindrückliche Zeugen unseres Unwissens sind die Wasserproben, die amerikanische Biologen auf einer zweijährigen Expedition aus verschiedenen Regionen der Weltmeere einsammelten. Die Forscher waren im Jahre 2003 auf einer umgebauten Privatjacht von Halifax aus die nordamerikanische Ostküste hinab, durch den Panamakanal in den Pazifik und von dort über die Galapagosinseln bis hin nach Polynesien gereist. Auf dieser Reise entnahmen sie alle 320 Kilometer eine Wasserprobe und untersuchten das in ihr enthaltene Genmaterial – eine rasche und eindeutige Methode, um Mikroorganismen zu identifizieren, ohne sie mühsam züchten zu müssen. Das Resultat überraschte selbst die Forscher: In jedem Teelöffel Meereswasser fanden sie Millionen von Bakterien und zehn- bis zwanzigmal so viele Bakterienviren. Unzählige neue Gene und Bakterienarten waren die reiche Beute dieser Expedition. Und dabei entstammten die Wasserproben nur der Meeresoberfläche. Wer weiss, was die lichtlosen Tiefen der Ozeane verbergen?

In einem Brief an den Botaniker Joseph Hooker vermutete Charles Darwin, dass Leben in einem «kleinen warmen Tümpel» entstanden sein könnte. Bescheiden wie er war, fügte er jedoch hinzu: «Im Moment ist es glatter Unfug, über den Ursprung des Lebens nachzudenken; ebenso gut könnte man über den Ursprung der Materie sinnieren.» Seither haben wir beides gewagt und atemberaubende Erkenntnisse über den Ursprung des Universums und die Herkunft des Menschen gewonnen. Eine dieser Erkenntnisse ist, dass Darwins kleiner warmer Tümpel wahrscheinlich ein brodelndes Kraterloch war und sich das Leben erst im Verlauf der darauffolgenden Jahrmilliarden an die tieferen Temperaturen der alternden Erde gewöhnen musste. Die Frage, woher wir kommen, harrt immer noch einer eindeutigen Antwort. Für mich ist dies kein Grund zur Trauer. Leben ist auch deshalb so faszinierend, weil wir noch so wenig darüber wissen.

Feuer aus dem All

Wie das Leben auf der Erde das Feuer zähmte

Die Verbrennung von Nahrung treibt in den Atmungs-organen unserer Zellen winzige Motoren an, deren Rotation eine chemisch reaktive Substanz erzeugt. Diese vermittelt unserem Körper die von Pflanzen eingefangene Sonnenenergie.

Vor viercinhalb Milliarden Jahren ballten sich in unserer Milchstrasse Gase und Staub zu einem neuen Himmelskörper zusammen. Dabei erhitzten sie sich so stark, dass Atomkerne miteinander verschmolzen und immense Energiemengen als Hitze und Licht freisetzten: Unsere Sonne war geboren. Die Materie, aus der sie sich geformt hatte, enthielt auch Asche von Sternen, die Jahrmilliarden zuvor ausgebrannt oder explodiert waren und ihre Trümmer in die Tiefen des Weltalls geschleudert hatten.

Bei der Geburt dieser Sonne ging ein Teil der kosmischen Materie seine eigenen Wege und verdichtete sich zu Planeten. Auf einem von ihnen – unserer Erde – regte sich schon bald Leben. Anfangs gewann es seine Energie wahrscheinlich durch Spaltung organischer Stoffe – ähnlich den heutigen Hefezellen, die Zucker zu Alkohol und Kohlendioxid vergären. Gärung liefert zwar nur wenig Energie, benötigt aber auch kein Sauerstoffgas, das in der jungen Erdatmosphäre noch fehlte. Als die vergärbaren Stoffe knapp wurden, tauchte ein neuartiges Lebewesen auf, das sich von Sonnenlicht zu ernähren wusste und damit dem Leben die schier unerschöpfliche Energie des atomaren Sonnenfeuers erschloss.

Diese lichtessenden Lebewesen setzten bei ihrem Siegeszug Sauerstoffgas aus Wasser frei und verursachten damit wahrscheinlich eine der grössten Umweltkatastrophen der Erdgeschichte: Sauerstoffgas ist ein Gift, das viele Zellbausteine durch Oxidation zerstört. Die erfinderische Natur entwickelte darauf Lebewesen, die sich gegen dieses tödliche Gas zu schützen wussten und schliesslich sogar lernten, mit ihm die Überreste anderer Zellen zu verbrennen. Das Leben hatte die Zellatmung erfunden – und damit das Feuer gezähmt. Dieses Feuer war jedoch kein wilder Brand, bei dem Elektronen – negativ geladene Teilchen – direkt vom Brennstoff auf Sauerstoff überspringen; es war ein gebändigtes Feuer, das die Elektronen dazu zwang, auf ihrem Weg zum Sauerstoff eine Kette farbiger Proteine zu durchlaufen, um anstatt feuriger Flammen nützliche Arbeit zu leisten. Die Zellfeuer, die auf unserem Planeten nun allerorts aufglimmten, waren Kinder der Sonne: Brennmaterial und Sauerstoffgas waren gespeicherte Sonnenenergie.

Doch nicht alle Zellen waren imstande, sich die Atmung anzueignen. Also fingen sie sich atmende Zellen ein, benutzten sie als Kraftwerke und boten ihnen im Gegenzug eine bessere Verwahrung der Erbsubstanz und eine schützende Umgebung. Die atmenden Gastarbeiter waren damit offenbar zufrieden, gewöhnten sich an ihren Wirt und konnten bald nicht mehr ohne ihn leben. Sie verkümmerten zu seinen Atmungsorganen – den Mitochondrien. Umgekehrt nahmen sie ihrem Wirt mit der Zeit so viele Aufgaben im Zellgeschehen ab, dass auch dieser nicht mehr ohne sie leben konnte. Diese «Symbiose» schuf einen neuartigen Zelltyp, der wirksame Kraftwerke besass und die Erbsubstanz zweier Lebewesen in sich vereinte. Nun hatte die Natur endlich den Baustein, um komplexe Pflanzen, Tiere und Menschen zu entwickeln. Jede der etwa 10 000 Milliarden Zellen meines Körpers entstammt der Vereinigung atmender mit nichtatmenden Zellen, aus der vor eineinhalb Milliarden Jahren die moderne Zelle hervorging.

Diese moderne Zelle ist etwa tausendmal so gross wie eine Bakterienzelle, besitzt eine hochkomplexe Innenstruktur mit vielen getrennten Räumen und hat einen gewaltigen Energiehunger, den die urtümliche Gärung nie und nimmer stillen könnte. Moderne Zellen beziehen deshalb den Löwenanteil ihrer Energie von den Feuern ihrer Mitochondrien.

Doch wie gelangt diese Energie dorthin, wo die Zelle sie gerade braucht? Das Leben entwickelte dafür eine wasserlösliche Substanz, die Energie innerhalb einer Zelle überträgt. Diese Substanz findet sich noch heute in allen Lebewesen, spielt in ihnen eine ähnlich wichtige Rolle wie die Elektrizität in unserer Technologie und ist ein kunstvoll gewirktes organisches Molekül mit einer Kette aus drei Phosphaten. Chemiker nennen diesen Energieüberträger Adenosintriphosphat – oder kurz ATP.

ATP ist ein friedfertiges weisses Pulver, das für sich allein keine Energie liefern kann. Löst man es jedoch in Wasser, so zerfällt es langsam, wobei sich zwei Phosphate von der Kette abspalten und dabei Wärme entwickeln. Da Zellen mit Wärme meist nicht viel anfangen können, ersannen sie Proteine, welche die Abspaltung des äussersten Phosphats bis zu hunderttausendfach beschleunigen und mit der dabei frei werdenden Energie biologische Prozesse antreiben. Aus ATP entstehen dabei ein «freies» Phosphat und das energieärmere Adenosindiphosphat – das ADP. Im wässrigen Innenraum einer Zelle wirkt jedes ATP-Molekül somit wie eine mobile chemische Batterie, die überall und jederzeit Energie liefern kann – für die Kontraktion eines Muskels, die Teilung einer Zelle oder das elektrische Signal eines Nervs. Hat ATP seine Energie abgegeben und sich zu ADP gewandelt, wandert es in die Mitochondrien, die das verlorene Phosphat mithilfe der Atmung wieder anheften und damit die ATP-Batterie erneut aufladen. Wie dieses Aufladen geschieht, beschäftigte Hunderte von Biochemikern über mehrere Jahrzehnte, bis der britische Privatgelehrte Peter Mitchell im Jahre 1961 die entscheidende Idee hatte, die das Rätsel schliesslich löste: Bei der Verbrennung von Nahrung schwitzen Mitochondrien positiv geladene Wasserstoffkerne (Protonen) aus, die bei ihrem Rückfluss in die Mitochondrien – wie das Wasser in einem Turbinenkraftwerk – winzige Motoren in der Mitochondrienhülle antreiben. Diese Motoren saugen bei ihrer Drehung ADP und Phosphat an, pressen sie fest aneinander und verschweissen sie zu ATP. Dieser Mechanismus war so neuartig, dass Bioche-

miker ihn lange nicht verstanden und leidenschaft-
lich ablehnten. Da selbst urtümliche Lebewesen
diese wundersamen Motoren besitzen, erfand die
Natur das Rad bereits vor mehreren Milliarden Jahren. Sie setzte diese epochale Erfindung dann noch
für ganz verschiedene Zwecke ein – wie für die rotie-
renden Geisseln der Bakterien und das Entdrillen
der beiden Stränge des Erbmaterials DNS bei der
Zellteilung. Wer weiss, wo in der Natur wir dieser
Erfindung sonst noch begegnen werden? Gibt es
urtümliche Vorläufer von ihr, die uns verraten, wie es
zu dieser Erfindung kam? Wird es uns je gelingen,
solche Motoren in unseren Laboratorien nachzu-
bauen oder gar zu verbessern, um sie dann für tech-
nische Zwecke einzusetzen?

Jedes Molekül ATP ist ein Quäntchen Sonnen-
feuer, das als energiereiches Lichtteilchen durch Verschmelzung von Atomkernen im Sonneninneren
entstand, sich in einer 10 Millionen Jahre langen Irrfahrt zur Sonnenoberfläche durchkämpfte, von dort
in etwa acht Minuten zu unserer Erde raste, von
Licht erntenden Zellen eingefangen wurde und
schliesslich über die Nahrungskette meinen Körper
erreichte. Die Feuer, die in mir brennen, kamen zu
mir aus dem All. Warum stelle ich mir die «Entla-
dung» eines ATP-Moleküls zu ADP als kurzes Auf-

blitzen eines ererbten Sonnenfunkens vor? Bin ich nur ein hoffnungsloser Romantiker – oder ein verkappter Pyromane?

Die Bildung von ATP in unseren Zellfeuern ist einer der wundersamsten Vorgänge, die wir kennen, und ihre Aufklärung durch Peter Mitchell eine wissenschaftliche Glanzleistung des 20. Jahrhunderts. Sie steht ebenbürtig neben der Entdeckung von James D. Watson und Francis Crick, dass unser Erbmaterial DNS ein Doppelstrang ist, in dem jeder Strang die volle Information des anderen widerspiegelt. Watson und Crick sind heute Wissenschaftsikonen; Mitchell hingegen ist der breiten Öffentlichkeit unbekannt, obwohl er 1978 für seine Entdeckung den Nobelpreis für Chemie erhielt. Sein 17 Jahre währender Kampf um Anerkennung zählt zu den bizarrsten Episoden der modernen Wissenschaftsgeschichte und zeigt, dass wir grundlegend neue Ideen nicht Institutionen oder Gruppen, sondern einzelnen genialen Menschen verdanken. Diese Ideen sind die höchste Veredelung des Feuers, das aus dem All zur Erde kam.

DER LEBENSPENDENDE STROM

WIE LEBEWESEN SICH DIE ENERGIE DES SONNENLICHTS TEILEN

Das Licht, das von der Sonne zur Erde gelangt, verwandelt sich zum grössten Teil in Wärme, die früher oder später wieder in den Weltraum zurückstrahlt. Dennoch ist Sonnenlicht der energiespendende Strom, der das Leben auf unserem Planeten nährt.

«Die Sonne ging auf bei Paderborn,
Mit sehr verdrossner Gebärde.
Sie treibt in der Tat ein verdriesslich Geschäft –
Beleuchten die dumme Erde!»

Mit diesen Worten aus *Deutschland. Ein Wintermärchen* bezeugt Heinrich Heine unserer Erde übergrosse Ehre, obwohl er in seinem bitteren Versepos sonst nur wenig für sie übrig hat. Die Sonne gönnt uns lediglich ein Zehnmilliardstel ihres Lichts – und mehr als die Hälfte davon wird dann noch von unserer Lufthülle verschluckt oder in den

Weltraum zurückgestrahlt. Dennoch empfängt jeder Quadratmeter Erdoberfläche im Durchschnitt pro Jahr immer noch etwa 1,5 Millionen Kilokalorien Energie in Form von sichtbarem Licht, das sich zum grössten Teil in Wärme verwandelt und früher oder später als infrarote Strahlen die Erde wieder verlässt.

Einzellige Lebewesen schafften es bereits vor fast vier Milliarden Jahren, einen kleinen Teil dieser Lichtenergie einzufangen und davon zu leben. Bald lernten andere Lebewesen, sich von diesen Lichtessern – und damit indirekt von der Sonne – zu ernähren. Sonnenenergie wurde zum lebenspendenden Strom, dessen unzählige Verästelungen die Vielfalt des Lebens auf unserem Planeten nähren. Diesem Strom entziehen sich nur urtümliche Einzeller, die tief unter der Erdoberfläche oder im Umfeld vulkanischer Erdspalten leben und geochemische Prozesse als Energiequelle verwenden.

Energie ist die Fähigkeit, Arbeit zu leisten. Sie lässt sich nicht neu schaffen, sondern nur von einer Form in eine andere umwandeln: von Licht in Wärme, von Bewegung in elektrischen Strom und von diesem in fast alle anderen Energieformen. Die Kilokalorie ist als Energiemass zwar offiziell veraltet, in der breiten Öffentlichkeit aber immer noch gebräuchlich. Eine Kilokalorie kann einen Liter Wasser um ein Grad Celsius erwärmen – und uns etwa 13 Meter weit laufen oder eine Minute lang leben lassen. Unter der falschen Bezeichnung «Kalorie» tyrannisiert sie das Leben unzähliger Menschen, die ihrem Körper Energie vorenthalten, um einem bizarren Schlankheitsideal zu frönen.

Sosehr wir Menschen das wärmende Licht der Sonne auch geniessen – es kann uns nicht direkt nähren. Jeder hungernde Tropenbewohner ist ein moderner Tantalos, der die ihn umgebende Nahrung nicht nutzen kann. Nur Pflanzen und lichtverwertende Einzeller können mit der Energie des Lichts Kohlendioxid und Wasser in organische «Biomasse» verwandeln. Diese liefert Pflanzenfressern Brennstoff für die Feuer ihrer Zellatmung und damit Lebensenergie. Die Pflanzenfresser kommt ein solches Schmarotzertum allerdings teuer zu stehen: Sie können nur etwa ein Zehntel der in Pflanzen gespeicherten Lichtenergie in ihre eigene Biomasse hinüberretten, weil sie Energie verbrauchen, um sich zu bewegen und die Temperatur, den Salzgehalt sowie den Stoffwechsel ihres Körpers konstant zu halten. Ein Kilogramm Pflanzenfutter liefert deshalb oft weniger als 100 Gramm Fleisch. Noch grösser ist der Energieverlust für Raubtiere, weil sie ihre Beute meist mit grossem Energieaufwand über weite Entfernungen jagen müssen.

Das Versickern von Sonnenenergie in dieser Nahrungskette ist dramatisch. In der freien Natur speichern Pflanzen im Verlauf ihres Lebens nur etwa ein halbes Prozent des eingestrahlten Sonnenlichts als Biomasse, Pflanzenfresser einige Hundertstel Prozent und Raubtiere wiederum zehnmal weniger. Deshalb kennen wir zwar grosse Herden von Rentieren oder Antilopen, nicht aber solche von Tigern oder Leoparden. Noch schlimmer stünde es um Tiere, die sich von anderen Raubtieren ernährten. Ein Raubtier, das vorwiegend Leoparden frässe, müsste sich in der Warteschlange für Sonnenenergie so weit hinten anstellen, dass es sich niemals ausreichend vermehren könnte. Kein Wunder also, dass der Leopard keinen natürlichen Feind hat. Diese unerbittlichen Regeln der Nahrungskette gelten auch für uns Menschen. Jeder von uns muss jährlich etwa 700 000 Kilokalorien chemische Energie in Form von verwertbarer Nahrung zu sich nehmen, um langfristig ein gesundes und normales Leben zu führen. Als Vegetarier könnten sich die Bewohner der Stadt Zürich mit weniger als 100 Quadratkilometern Anbaufläche ernähren, doch bei einer reinen Fleischdiät wäre die erforderliche Fläche – und damit auch der Preis für Nahrung – etwa fünf- bis zehnmal grösser.

Das Streben nach Sonnenenergie hat auch die Entwicklung menschlicher Kulturen geprägt. Als Jäger und Sammler mussten unsere nomadischen Vorfahren weite Flächen durchstreifen, um sich ihren Anteil an Sonnenenergie zu sichern. Erst Landwirtschaft und intensive Viehzucht ermöglichten es ihnen, mit kleineren Flächen auszukommen, sesshaft zu werden, Städte zu gründen und eine hohe Kultur zu entwickeln. Um auf immer kleinerem Raum immer mehr Nahrung zu erzeugen, setzen wir heute gewaltige Mengen von Wasser, künstlichem Dünger, Pestiziden und Erdöl ein. Um eine Kilokalorie Nahrung zu schaffen, müssen wir oft eine Kilokalorie Erdöl verbrennen. Unsere industrielle Nahrungsproduktion ist zur grotesken Maschine verkommen, die Erdöl in Nahrung verwandelt.

Bei der Suche nach Sonnenenergie helfen uns auch unsere Gene. Ein Beispiel dafür liefern zwei eng verwandte Ariaal-Sippen in Kenia, von denen eine als nomadische Viehzüchter in den Bergen und die andere als sesshafte Ackerbauern im Tiefland lebt. Eine seltene Genvariante, die besonders häufig bei Menschen mit Aggressivität, Konzentrationsschwäche, Impulsivität und Hyperaktivität vorkommt, findet sich bei den nomadischen Ariaals vorwiegend in gut genährten und muskulösen, bei ihren sesshaften Verwandten hingegen vorwiegend in unterernährten und muskelschwachen Männern. Diese Genvariante dürfte somit für Nomaden von Vorteil, für sesshafte Bauern dagegen von Nachteil sein. Impulsivität, Angriffsfreude und schnelle Reaktion könnten Nomaden helfen, Herden zu verteidigen, neue Weidegründe zu erschliessen oder als Kinder auch unter unsteten Lebensbedingungen zu lernen – und sich so eine ausreichende Ernährung zu sichern. In einer stabilen Dorfgemeinschaft wären solche Eigenschaften hingegen eher hinderlich.

Wir Menschen haben uns in der Warteschlange für Sonnenenergie schon früh nach vorne gedrängt: Mit der Zähmung des Feuers erschlossen wir uns die Sonnenenergie, welche lichtverwertende Lebewesen über Jahre oder gar Jahrmillionen gespeichert hatten. Und mit Segeln, Wind- und Wasserrädern, Sonnenkraftwerken und Solarzellen vermochten wir diese Warteschlange ganz zu umgehen. Doch erst die Erschliessung von Erdwärme sowie die Kernspaltung schenkten uns Energiequellen, die kein Erbe unserer Sonne sind. Vielleicht wird es uns dereinst gelingen, mit der gebändigten Verschmelzung von Atomkernen in Fusionsreaktoren künstliche Sonnen zu schaffen. Diese würden uns Menschen zwar Wärme und elektrische Energie, dem Leben auf unsercr «dummen Erde» jedoch nicht genügend Licht schenken. Den lebenspendenden Strom des natürlichen Sonnenlichts könnten sie nie ersetzen.

Ein besonderer Saft

Wie die Zellen unseres Blutes reifen und sterben

Die Reifung unserer verschiedenen Blutzellen wird nicht nur von deren Genen, sondern auch von anderen Zellen und vom Zufall bestimmt, wobei jeder Reifungsschritt die Möglichkeiten weiterer Entwicklung einengt. Der Schicksalsweg einer Blutzelle gleicht so in vielem dem eines Menschen.

Blut ist ein ganz besondrer Saft», mahnt Mephistopheles den übermütigen Faust, der den Wert seiner in Blut geleisteten Unterschrift verspottet. Blut gilt seit Urgedenken als Symbol des Lebens. Es versorgt unseren Körper mit Nahrung und Sauerstoff, schützt ihn vor bedrohlichen Eindringlingen und durchspült ihn mit Hormonen und anderen Wirkstoffen, die den Gleichklang der Zellen regeln.

Unser Blut ist jedoch eher ein Symbol des Todes. Die 25 000 Milliarden roten Blutkörperchen, die in ihm treiben, sind abgestorbene Zellen, die ihr

Erbmaterial und fast alle Zellorgane verloren haben. Dennoch tragen sie etwa 120 Tage lang unermüdlich Sauerstoff aus der Lunge in die Gewebe, bis Fresszellen in der Milz oder der Leber sie verschlingen. Etwa 200 Milliarden von ihnen fallen täglich diesem Massaker zum Opfer. Und unsere 1500 Milliarden Blutplättchen sind nichts weiter als leblose, von Spenderzellen abgeschnürte Bläschen, welche die Gerinnung des Blutes in Wunden einleiten.

Dennoch trägt Blut auch Leben. Die 50 Milliarden weissen Blutkörperchen – die Leukozyten – sind lebendige, vollwertige Zellen. Sie verteidigen uns gegen Infektionen und bilden eine weitverzweigte Familie, deren Mitglieder unterschiedliche Aufgaben wahrnehmen. Viele von ihnen entweichen sogar dem Blutkreislauf, um auch in den Geweben oder der Lymphe ihres Wächteramtes zu walten. Dennoch sind auch Leukozyten Symbole des Todes: Um bei Gefahren als schnell abrufbare Reserve bereit zu sein, warten unzählige von ihnen untätig im Knochenmark und begehen schliesslich dort Selbstmord, ohne je eine Wirkung entfaltet zu haben. Wieder andere weisse Blutzellen töten sich, wenn der Thymus erkennt, dass ihr immunologisches Geschütz sich gegen uns selber richten könnte. So sind die fünf Liter unseres Blutes ein Mikrokosmos, in dem sich Leben und Tod helfend die Hände reichen – und der uns beispielhaft zeigt, wie eine befruchtete Eizelle die über 200 verschiedenen Zelltypen unseres Körpers bilden kann. Alle die lebenden und abgestorbenen Blutkörperchen leiten sich nämlich von einer einzigen Zellart ab, die im Knochenmark mit ihresgleichen winzige Gemeinschaften bildet. Diese blutbildenden «Stammzellen» machen zwar nur ein Zehntausendstel aller Knochenmarkszellen aus, doch eine einzige von ihnen kann einer todgeweihten Maus, deren Knochenmark durch Bestrahlung zerstört wurde, neues Blut und damit das Leben schenken.

Diese wundersamen Stammzellen sichern ihren Fortbestand, indem sie sich in zwei gleiche Tochterzellen teilen. Weit häufiger jedoch bilden sie zwei verschiedene Tochterzellen: eine neue Stammzelle und eine «Progenitorzelle», deren Nachkommen sich dann schnell vermehren und zu Blutzellen reifen. Je «unreifer» eine solche Progenitorzelle ist, desto grösser ist die Vielfalt der Blutzellen, die sie hervorbringen kann. Anfangs umfasst diese Vielfalt fast alle Blutzellen, engt sich dann aber mit zunehmendem Reifungsgrad auf weisse oder rote Blutzellen ein, um sich schliesslich auf einen einzigen voll ausgereiften Zelltyp zu beschränken. Ein geheimnisvolles Netz von Proteinbotenstoffen entscheidet, ob und wie sich eine Stammzelle teilt und welchen Reifungsweg eine Progenitorzelle einschlägt. Diese Botenstoffe kreisen entweder als Hormone im Blutstrom oder warten an der Oberfläche von Helferzellen. Wenn sie sich an eine Stamm- oder Progenitorzelle binden, schalten sie in ihr bestimmte Gene an oder ab und bestimmen so das weitere Schicksal der Zelle. Die Konzentration dieser Proteinbotenstoffe im Blut ist so verschwindend gering, dass lange Zeit ein dichter Schleier sie verhüllte. Erst die Molekularbiologie vermochte diesen Schleier in jahrelanger mühevoller Arbeit zu lüften, sodass wir heute viele dieser Proteine in reiner Form und ausreichender Menge herstellen können. Das Hormon Erythropoetin – kurz EPO genannt – ist das bekannteste unter ihnen. Es fördert die Umwandlung unreifer Blutzellen, die noch keinen roten Blutfarbstoff besitzen, in funktionstüchtige rote Blutkörperchen – und ist deshalb auch als Dopingmittel berüchtigt. Ein anderes, medizinisch eingesetztes Hormon, das Filgrastim, beschleunigt die Reifung weisser Blutzellen, die uns vor Infektionen schützen. Mit diesen hochwirksamen und äusserst spezifischen Wundermitteln hat die moderne Gentechnik unzähligen Menschen das Leben gerettet.

So verschieden unsere weissen Blutzellen auch sind – sie haben eines gemeinsam: Sie töten sich selber, wenn ihnen die richtigen Hormone oder der direkte Kontakt mit den richtigen Helferzellen fehlen. Das in ihnen schlummernde Selbstmordprogramm ist fast ebenso fein gewirkt und genau gesteuert wie das, welches das Wachstum der Zelle regelt. Gleiches gilt auch für die (noch) lebendigen Vorstufen der roten Blutkörperchen. Mit zunehmender Reife verengt sich der Aufgabenbereich einer Blutzelle und zwingt ihr meist auch eine streng begrenzte Lebensspanne auf. Die Evolution hat vielzellige Lebewesen gelehrt, dass Wachstum die Gefahr von Mutationen heraufbeschwört, die das delikate Zusammenspiel der verschiedenen Zelltypen bedrohen. In Stammzellen, den Urmüttern aller Blutzellen, wären solche Mutationen besonders fatal, könnten sie doch alle Blutzellen schädigen. Stammzellen teilen sich deshalb nur selten und vermachen bei der asymmetrischen Teilung in eine Stamm- und eine Progenitorzelle auf noch rätselhafte Weise beide Originalstränge des Erbmaterials DNS der neuen Stammzelle. So schützen sie sich vor Kopierfehlern, die zu vorzeitigem Altern oder Krebs führen könnten. Die massive Zellvermehrung für den Ersatz abgestorbener Blutzellen überlassen sie den Progenitorzellen, deren begrenztes Leben die langfristigen Schäden von Kopierfehlern verringert.

Ein gesunder Körper regelt die Reifung der verschiedenen Blutzellpopulationen mit hoher Präzision, doch das Schicksal einer einzelnen Zelle ist weitgehend dem Zufall überlassen. Wenn sich eine unreife Progenitorzelle in zwei gleiche Tochterzellen teilt, wählen diese oft unterschiedliche Reifungswege, auch wenn sie den gleichen Bedingungen ausgesetzt sind. Solche Zufallsereignisse spielen bei der Entwicklung von Lebewesen eine bedeutende Rolle und erlauben es der Natur, die in Genen gespeicherte Erbinformation flexibel zu interpretieren. Bei der Entwicklung grosser Zellpopulationen verschleiert das Gesetz der grossen Zahl diese individuellen Zufallsschwankungen. Hormone wie Erythropoetin, welche die Reifung von Blutzellen steuern, beeinflussen lediglich die Wahrscheinlichkeit, mit der eine reifende Progenitorzelle den einen oder anderen Reifungsweg wählt. Das Schicksal einer Blutzelle wird somit nicht nur von ihren Genen, sondern auch von ihrer Wechselwirkung mit anderen Zellen sowie vom Zufall bestimmt. Und dieses Schicksal kann, wie uns die unermüdlich arbeitenden leblosen roten Blutzellen zeigen, selbst den Tod überdauern.

Auch unsere Hautzellen zeigen dies auf eindrückliche Weise. Die äusserste Schicht unserer Haut – die Epidermis – besteht aus abgestorbenen

Zellen, deren Proteinpanzer uns vor Verletzungen und Austrocknung schützt. Auch diese Zellen reifen aus Stammzellen, töten sich zur rechten Zeit, erfüllen dann ihre Aufgabe weit über den Tod hinaus und schuppen schliesslich von uns ab, um neuen Zellen Platz zu machen und als Haushaltsstaub zu enden. Wir bewundern die Häutung einer Schlange – doch wir selbst erneuern die Epidermis im Verlauf unseres Lebens mindestens eintausend Mal.

Der Schicksalsweg einer Blutzelle erinnert an den eines Menschen. Auch unser Leben wird vom Wechselspiel zwischen Genen, Umfeld und Zufall geprägt; auch bei uns verringert jeder Reifungsschritt die Vielfalt der noch möglichen Lebenswege; und viele grosse Menschen haben bewiesen, dass auch bei uns der Tod nicht immer das Ende eines Schicksals ist.

DES LEBENS BRUDER

WIE ZELLEN MIT IHREM SELBSTMORD DEM LEBEN DIENEN

Ohne Tod kein Leben. Dies gilt auch für die einzelnen Zellen unseres Körpers. Sie töten sich nach einem inneren Programm selbst, um unsere Entwicklung und unsere Gesundheit zu sichern. Altruistischer Selbstmord findet sich auch bei Bakterien; er könnte ein archaischer Vorläufer menschlicher Moral sein.

Eure Kinder sind nicht eure Kinder. Sie sind die Söhne und Töchter der Sehnsucht des Lebens nach sich selbst.» Mit diesen bewegenden Worten beschrieb der libanesisch-amerikanische Dichter Khalil Gibran nicht nur den Drang des Lebens nach steter Erneuerung, sondern auch mein einjähriges Enkelkind so eindringlich, als hätte er es selbst in den Armen gehalten. Wer könnte in einem kleinen Kind diese Sehnsucht des Lebens übersehen? Die klaren Augen, die fein geformten Finger und die Versuche des erwachenden Gehirns, die Welt zu deuten, zeugen vom Wunder neuen Lebens und dessen Sehnsucht nach sich selbst.

Mein Enkelkind ist aber auch ein Geschenk des Todes: In einem wachsenden Organismus lässt er unablässig Zellen sterben, um anderen Zellen das Leben zu sichern oder neuen Zellen Platz zu machen. Er half bei der Entwicklung der klaren Augen, weil er sie behutsam von Zellen befreite, die den Weg des Lichts zur Netzhaut behindert hätten. Er entfernte Teile der werdenden Hand, um die Finger zu formen. Und er liess im wachsenden Gehirn fast die Hälfte aller Nervenzellen wieder absterben, um Platz für die Verknüpfung neuer Zellen zu schaffen. Er umsorgte das Kind sogar vor dessen Zeugung, weil er die meisten Keimzellen des Vaters vernichtete, auf dass nur eine gesunde der Sehnsucht des Lebens diene. Der Tod, der mein Enkelkind mitschuf, war jedoch nicht der gefürchtete Raffer von Kranken, Alten und Kriegern, sondern ein Bruder des Lebens, der einzelne Zellen mit sanfter Hand berührt und sie dazu bewegt, sich selbst zu töten.

Dieser sanfte Tod schlummert in jeder Zelle meines Körpers. Wenn er erwacht, ruft er in der Zelle ein Selbstmordprogramm auf, das fast ebenso wundersam und aufwendig ist wie die Programme, die das Wachstum und die Teilung der Zelle steuern. Unter

Anleitung dieses Programms verdaut die Zelle sich selber, verpackt ihre Überreste in kleine Membransäcke und bietet diese streunenden Fresszellen als Beute. Die sterbende Zelle verhindert so Entzündungen des umgebenden Gewebes und verabschiedet sich auf Zehenspitzen, ohne das Leben um sich zu stören.

Jedes Jahr tötet sich in meinem Körper fast die Hälfte aller Zellen, um mich am Leben zu erhalten. Einige Zellen töten sich aus eigenem Antrieb – wenn ihre Atmungsmaschinen versagen oder ihr Erbmaterial geschädigt ist. Der Befehl zum Selbstmord kommt meist von den Atmungsmaschinen selbst: Kurz vor ihrem Zusammenbruch scheiden sie Proteine aus, welche die Zelle als SOS-Signale erkennt. Der Aufruf zum Selbstmord kann aber auch von aussen kommen: Erkennen meine Immunzellen, dass eine Körperzelle von einem Virus befallen ist, befehlen sie ihr, sich zu töten, um ein Ausbreiten des Virus zu verhindern. Auch diese Immunzellen hat der sanfte Tod mitgestaltet: Als sie zu Abermilliarden in meinem Knochenmark entstanden, hätten viele von ihnen auch meinen eigenen Körper angegriffen und zerstört. Meine Thymusdrüse spürte sie jedoch rechtzeitig auf und zwang sie zum Selbstmord. Dank dieser Auslese bin ich gegen fremde Eindringlinge geschützt, kann aber auch hoffen, von Autoimmunerkrankungen wie Multipler Sklerose oder Psoriasis verschont zu bleiben.

Auch Bakterien begehen manchmal Selbstmord, um den Fortbestand der Population zu sichern. Bakterien verständigen sich untereinander, ähnlich wie die Zellen meines Körpers, über chemische Signale – und dies umso angeregter, je stärker sie sich bedroht fühlen. Da Bedrohung in der freien Natur die Regel ist, verhält sich eine Bakterienpopulation oft wie ein vielzelliger Organismus. Die einzelnen Bakterienzellen erkennen dabei über ihre chemischen Antennen, wie viele Artgenossen in der Nähe sind – und wenn es genügend viele sind, vereinigen sie sich mit ihnen zu schleimigen Ablagerungen oder festen Biofilmen, denen weder Antibiotika noch andere Gifte etwas anhaben können und in denen manchmal Dutzende verschiedener Bakterienarten auf geheimnisvolle Weise zusammenleben. Einige der Signalstoffe, über die Bakterien miteinander sprechen, gleichen in ihrer chemischen Struktur den Duftstoffen, mit denen Tiere und wahrscheinlich auch wir Menschen in Artgenossen unbewusste Affekthandlungen auslösen.

Bakterien haben im Verlauf ihrer langen Geschichte verschiedene Selbstmordprogramme entwickelt. Eines besteht aus dem Wechselspiel zweier

Proteine: Eines ist ein stabiles Gift, das andere ein labiles Gegengift. Unter normalen Bedingungen bilden die Zellen beide Proteine, sodass das Gegengift das Gift in Schach hält. Bedrohen jedoch Viren, Hitze, Antibiotika oder Hunger die Zelle, stellt sie die Bildung beider Proteine ein. Nun verschwindet das labile Gegengift aus der Zelle, das stabile Gift gewinnt die Oberhand und die Zelle stirbt. So kann sie anderen Zellen als Nahrung dienen, ein Ausbreiten des Virus verhindern oder durch ihren Freitod dazu beitragen, knappe Ressourcen einzusparen. Bakterien können das Überleben einer Population aber auch durch Vergiften ihrer Artgenossen retten. Sie wählen dieses chemische Massaker, wenn sie am Verhungern sind und ihnen als letzter Ausweg nur noch die Umwandlung in schlummernde Sporen bliebe. Die Zellen zögern jedoch diesen Ausweg so lange wie möglich hinaus, denn Sporen keimen nur langsam wieder aus und haben deshalb bei einem plötzlichen Ende der Hungerperiode gegenüber aktiv gebliebenen Zellen keine Chance. Bevor eine Zelle sich unwiderruflich zur Sporenbildung entschliesst, scheidet sie deshalb ein Gift aus, das all die Artgenossen tötet, die sich noch nicht zur Sporenbildung entschlossen haben. Um sich vor dem eigenen Gift zu schützen, gibt sich die mörderische Zelle ein

Pumpsystem, mit dem sie das Gift laufend aus sich hinauspumpt. Mit dieser Strategie kann sie sich eine Weile von ihren vergifteten Artgenossen ernähren und die Sporenbildung hinausschieben. Die Entscheidung, welche Zellen einer Kolonie zu Mördern und welche zu Opfern werden, erfolgt rein zufällig. Sie wird von Steuermolekülen bestimmt, die in der Zelle in so geringen Stückzahlen vorkommen, dass ihre Reaktionen nicht mehr den voraussagbaren Gesetzen der Chemie, sondern dem Zufall gehorchen. Wer je einen Krieg miterlebt hat, weiss nur zu gut, dass auch bei uns Menschen der Zufall entscheiden kann, wer zum Mörder und wer zum Opfer wird.

Altruistischer Selbstmord oder die Bereitschaft, sich zum Wohl der Population vergiften zu lassen, fördert die Entstehung von Mutanten, die diese «Ethik» verletzen, indem sie den Selbstmord verweigern oder gegen das Gift ihrer Artgenossen unempfindlich werden. Solche «asozialen» Mutanten stellen ihr eigenes Wohl über das der Gemeinschaft und können deshalb kurzfristig erfolgreich sein. Langfristig bedrohen sie jedoch den Fortbestand ihrer Art, weil dieser ein ausgewogenes Geben und Nehmen voraussetzt. Weil egoistische Schwindler keine Grundlage für ein stabiles Gemeinwesen sind, überleben reine Kulturen asozialer Mutanten nur im

Laboratorium, nicht aber in der freien Natur. Altruismus spielt auch bei Tieren und Menschen eine wichtige Rolle und hat Charles Darwin schlaflose Nächte bereitet. In seinem Buch *Über die Entstehung der Arten* beichtet er seine Besorgnis mit folgenden Worten: «Soziale Insekten konfrontieren uns mit einer besonderen Schwierigkeit, von der ich zunächst meinte, sie wäre unüberwindbar und für meine Theorie tödlich.» Heute erkennen wir im Altruismus von Bakterien die weitsichtige Hand des sanften Todes – und vielleicht auch einen urtümlichen Vorboten sozialen Verhaltens und menschlicher Moral.

Alles Leben auf unserer Erde ist Gemeinschaft mit anderen – und mit dem sanften Tod. Wahrscheinlich erklärt dies, weshalb über 99 Prozent aller Bakterienarten nicht für sich allein wachsen können und viele von ihnen bei Überbevölkerung den Freitod wählen. Bei diesem Freitod vermachen sie ihr Erbmaterial den Überlebenden, die Teile davon gegen die entsprechenden Teile ihres eigenen Erbmaterials austauschen. Das Ergebnis entspricht einer sexuellen Paarung, welche die Gene der Partner neu aufmischt und den Nachkommen neuartige Eigenschaften und bessere Überlebenschancen schenkt. Obwohl der sanfte Tod dabei das Leben einer einzelnen Bakterienzelle beendet, sichert er damit – wie auch in unserem Körper – nur das langfristige Wohl des Ganzen. Ist dies nur *la petite mort à la bactérienne* – oder die uralte Weise von Liebe und Tod, von der die alten Mythen und die Gedichte der Romantik künden? Könnte es sein, dass diese Weise nicht den Tod besingt, sondern die Sehnsucht des Lebens nach sich selbst?

GRENZEN DES ICHS

WESHALB BAKTERIEN WICHTIGE TEILE UNSERES KÖRPERS SIND

Mein Körper enthält nicht nur menschliche Zellen, sondern auch zehn- bis zwanzigmal mehr winzige Bakterien, die mich nach meiner Geburt besiedelten. Ihre Artenvielfalt trägt zu meiner Individualität bei. Sind diese Bakterien Fremde – oder Teil meines Ichs?

Als ich in meiner Mutter heranwuchs, war mein Ich noch klar umrissen: Alle Zellen meines Körpers trugen mein Erbgut. Doch kaum hatte ich den schützenden Mutterleib verlassen, begannen Bakterien mich zu besiedeln. In wenigen Wochen hatten sie die Oberfläche meiner Haut sowie die Schleimhäute meiner Nase, meines Mundes und meines Verdauungstrakts erobert. Heute bestehe ich aus etwa zehntausend Milliarden menschlichen Zellen und zehn- bis zwanzigmal mehr Bakterienzellen. Sind diese Bakterien Teil von mir – oder nur Parasiten? Wo endet mein Ich?

Da Bakterien etwa tausendmal kleiner als menschliche Zellen sind, bestreiten sie nur wenige Prozente meines Körpergewichts – also etwa 1 bis 2 Kilogramm. Sie sind ein buntes Völkchen, denn allein meine Haut beherbergt bis zu 500 verschiedene Arten. Und es scheint, dass manche Arten nur auf mir leben und so meine molekulare Individualität mitbestimmen.

Viele dieser Bakterien sind für mein Wohlbefinden fast ebenso wichtig wie mein Erbgut. Sie halten krankmachende Bakterien von mir fern, förderten in meinen ersten Lebensjahren die Entwicklung meines Immunsystems und versorgten mich als hungerndes Kriegskind mit den lebenswichtigen Vitaminen K, B12 und Folsäure, weil sie diese aus einfachen Bausteinen herstellen können. Mein Körper vermag dies nicht und unsere kärgliche Kriegskost konnte meinen Bedarf an diesen Vitaminen nicht decken. Vielleicht haben mir die Synthesekünste «meiner» Bakterien damals das Leben gerettet.

Nicht alle meine Bakterien sind friedfertig, doch solange ich gesund bin und vernünftig lebe, hält mein Immunsystem sie in Schach. Wenn diese Abwehr aber versagt, weil ich mich schlecht ernähre, zu viel arbeite oder mit einer Virusinfektion kämpfe, kann eine Bakterienart sich plötzlich stark vermehren, Gift ausscheiden und mich akut bedrohen. Auch offene Wunden stören die Eintracht zwischen mir und meinen Bakterien, weil sie diesen Zutritt zu meinem Blut und meinen Geweben geben, wo sie Amok laufen können. Und wenn ich mir nicht regelmässig die Zähne putze, bilden Rudel verschiedener Mundbakterien auf ihnen einen festen Film und zersetzen mit ihrer Säureausscheidung meinen Zahnschmelz.

Alle uns bekannten Tiere beherbergen Bakterien, und viele könnten ohne sie nicht leben. Besonders eindrückliche Beispiele dafür liefern gewisse Insektenarten, die sich nur vom Saft bestimmter Bäume ernähren. Dieser Saft ist meist eine sehr einseitige Nahrung, weil ihm viele Aminosäuren fehlen, die das Insekt als Bausteine für Proteine benötigt, aber nicht selbst herstellen kann. Die im Insekt lebenden Bakterien können dies und sichern so ihrem Wirt das Überleben. Wohl deshalb leben viele Wirte seit Jahrmillionen mit ihren Bakterien zusammen und vererben sie über die Eier ebenso sorgfältig wie ihr eigenes Erbgut.

Kein Bakterium beherrscht die Kunst dieses Zusammenlebens so souverän wie *Wolbachia*. Es haust in mindestens einem Viertel aller bekannten Insektenarten sowie in vielen Würmern, Krustentieren und Spinnenarten und ist vielleicht der erfolgreichste Parasit auf unserem Planeten. Viele *Wolbachia*-Wirte können zwar auch ohne das Bakterium leben, beziehen aber von ihm dennoch manche Zellbausteine, die sie nicht selbst herstellen können und in ihrer Nahrung nicht in ausreichender Menge vorfinden. Wahrscheinlich hat *Wolbachia* vor Jahrmillionen jeweils einen Vertreter dieser Wirte infiziert und ihn dann nie wieder verlassen. Als Schmarotzer konnte das Bakterium es sich leisten, etwa drei Viertel seines Erbmaterials verkümmern zu lassen. Dies tat jedoch seiner Ausbreitung keinen Abbruch, da es über die Eier infizierter Mütter vererbt wird und das Sexualleben der von ihm infizierten Wirte zu seinem eigenen Vorteil verändert.

Je nach Art des Wirtes kann es dabei die Männchen vor dem Ausschlüpfen aus dem Ei töten, in Weibchen verwandeln oder überflüssig machen, indem es Weibchen selbst ohne Befruchtung infizierte Töchter gebären lässt. In wieder anderen Fällen können die von ihm befallenen Männchen nur mit infizierten Weibchen Nachkommen zeugen. Das Ziel ist dabei stets, möglichst viele infizierte Insektenweibchen in die Welt zu setzen, ihnen gegenüber Männchen und nicht infizierten Weibchen Vorteile zu verschaffen – und damit über infizierte Eier die eigene Ausbreitung zu fördern. *Wolbachia* würde selbst Niccolò Machiavelli vor Neid erblassen lassen. Vielleicht wird es in den kommenden Jahrmillionen immer mehr von seinem Erbgut an die jeweilige Wirtszelle abgeben und sich damit zu einem normalen Zellorgan mausern, das kaum mehr etwas von seiner bakteriellen Herkunft erkennen lässt.

Auch in mir tummeln sich Nachkommen freilebender Bakterien, die vor eineinhalb Milliarden Jahren meine fernen Vorfahren infizierten und sich dann in diesen fest ansiedelten. Diese Bakterien hatten gelernt, organische Stoffe mithilfe von Sauerstoffgas zu verbrennen und dabei grosse Energiemengen freizusetzen: Sie hatten die Zellatmung erfunden. Erst diese atmenden Parasiten lieferten ihren Wirtszellen die nötige Energie, um komplexere Lebensformen zu entwickeln. Die Wirtszellen übernahmen schliesslich mehr als 99 Prozent des Erbguts ihrer atmenden Fremdarbeiter, sodass diese heute nur ein stark verkümmertes Erbgut in sich tragen. Die atmenden Eindringlinge wurden so zu festen Bestandteilen meiner Zellen – den Mitochondrien. Und der winzige Rest ihres Erbguts, der nur noch Baupläne für 13 Proteine trägt, ist heute meine Mitochondrien-DNS. Sie ist mein zweites DNS-Genom, das zwar viel kleiner als das meines Zellkerns, aber für mich ebenso lebenswichtig ist. Meine Mitochondrien können nicht mehr frei leben oder Zellen infizieren, sondern werden, ebenso wie *Wolbachia*-Bakterien – über die Eizelle der Mutter vererbt. Männer sind für Mitochondrien also eine genetische Sackgasse: Ich konnte meine Mitochondrien keinem meiner Kinder weitergeben.

Etwa 5 bis 7 Kilogramm von mir sind Mitochondrien. Weil sie von allem Anfang an in mir waren, empfand ich sie stets als Teil meines Ichs. Doch jetzt, wo ich um ihre Herkunft weiss, bin ich mir dessen nicht mehr so sicher. Und wenn ich dann noch an die 1 bis 2 Kilogramm Bakterien denke, die mich nach meiner Geburt besiedelten, beginnen sich die Grenzen meines Ichs weiter zu verwischen. Vielleicht ist dies gut so. Wer sein Ich zu wichtig nimmt und argwöhnisch dessen Grenzen abschottet, verschliesst den Blick vor der Vielfalt der Welt und huldigt dumpfem Stammesdenken. Dies gilt nicht nur für einzelne Menschen, sondern auch für Völker, Nationen und Kulturen. Wem das eigene Ich Mass aller Dinge, der Mensch gesetzgebende Krone der Schöpfung oder die eigene Sicht der Welt die einzig wahre ist, hat die letzten Jahrhunderte ebenso verschlafen wie der, für den unsere Erde immer noch das Zentrum des Universums bedeutet. Wenn die

moderne Biologie nun die Grenzen meines Ichs ver-
wischt, schmälert sie es nicht, sondern schenkt ihm
zusätzliche Einsicht und Tiefe.

DER KOBOLD IN MIR

WAS DAS KOBALT UNSERES KÖRPERS VON DER GESCHICHTE DES LEBENS ERZÄHLT

Das Metall Kobalt ist in unserem Körper nur in verschwindenden Spuren vorhanden, aber dennoch lebenswichtig. Als Teil des Vitamins B12 ermöglicht es unseren Zellen schwierige chemische Synthesen, machte die frühen Menschen aber auch zu Raubtieren.

Die Fabelwelt der Alpen war stets reich an Schreckgestalten. In Winternächten bedrohten Perchten, Habergeissen und Krampusse einsame Wanderer, und tief unter Tag spiegelten die Berggeister Kobold und Nickel in Gestalt gleissender Erze den Knappen Silberadern vor. Anstatt des begehrten Edelmetalls lieferten diese Erze bei der Schmelze jedoch nur unansehnliche Schlacke – und der Kobold dazu noch hochgiftiges Arsenoxid, das unter dem Namen «Hüttrauch» als heimtückisches Mordgift gleichermassen beliebt wie berüchtigt war. Erst als die Silberminen sich erschöpften, lernten schlesische Bergleute auch das einst verachtete Kobolderz schätzen, weil es Gläsern und Glasuren eine tiefblaue Farbe verlieh. Im Jahre 1737 zeigte schliesslich der schwedische Chemiker Georg Brandt, dass die giftigen Kobolderze neben den bereits bekannten Elementen Arsen und Schwefel ein bis dahin unbekanntes metallisches Element enthielten, das seither unter dem Namen Kobalt den Platz 27 im Periodensystem der Elemente besetzt.

Die schlesischen Bergleute hatten den Wert des Kobalts allerdings nicht als Erste erkannt. Die Ägypter waren ihnen dabei um mindestens drei Jahrtausende zuvorgekommen – und auch sie waren nur späte Epigonen einzelliger Lebewesen, die vor etwa 3 Milliarden Jahren die Zauberkräfte des Kobalts für schwierige chemische Reaktionen einsetzten – wie die Verknüpfung oder Trennung zweier Kohlenstoffatome. Die Zellen hefteten dazu das Kobalt an bestimmte Proteine an und konnten mit diesen kobalthaltigen «Enzymen» neuartige Stoffwechselprozesse entwickeln. Um einige dieser Enzyme noch wirksamer zu gestalten, umgaben die Zellen das Kobalt mit einem kunstvollen molekularen Käfig.

Dieser Kobalt-Käfig ist eine chemische Glanzleistung des Lebens. Er gleicht einem molekularen Spinnennetz aus über tausend Atomen, in dessen

Mittelpunkt ein Kobalt-Atom sich wie eine sechsbeinige Spinne mit fünf Beinen festhält und mit dem sechsten chemische Reaktionen vermittelt. Vieles spricht dafür, dass dieser Käfig vor etwa 2,75 bis 3 Milliarden Jahren entstand, als die Urmeere noch kein Sauerstoffgas enthielten. Chemiker tauften den mit Kobalt beladenen Käfig Cobalamin und versuchten lange vergeblich, seine Struktur aufzuklären. Schliesslich mussten sie mit neidischer Bewunderung erleben, wie dies der britischen Biophysikerin Dorothy Crowfoot Hodgkin nicht mit chemischen Methoden, sondern mit Röntgenstrahlen gelang. Im Jahre 1972 konnten dann der Schweizer Albert Eschenmoser und der US-Amerikaner Robert B. Woodward den Kobalt-Käfig im Laboratorium herstellen. Diese Synthese beschäftigte über 100 Chemiker elf Jahre lang und gilt als eine der schwierigsten und virtuosesten Totalsynthesen aller Zeiten.

In seiner Frühzeit experimentierte das Leben nicht nur mit Kobalt, sondern auch mit Nickel, Eisen und Mangan, weil diese Metalle in den Urmeeren reichlich vorhanden waren. So entstanden metallhaltige Enzyme, die ungewöhnliche chemische Reaktionen ermöglichten und dem Leben immer neue biologische Nischen erschlossen. Als jedoch einige Lebewesen mithilfe des Sonnenlichts Sauerstoffgas aus dem Meerwasser freisetzten, liess dieses Gas schwefelhaltige Gesteine verwittern, sodass ihr Schwefel in die Meere gespült wurde und Kobalt, Nickel, Mangan und Eisen als unlösliche Sulfide zum Meeresboden sanken. An ihrer Stelle reicherten sich nun Zink und Kupfer im Meereswasser an. Die damaligen Lebewesen konnten zwar ihre bereits vorhandenen Metallenzyme weiterhin herstellen, ersetzten jedoch deren Metalle allmählich durch Zink oder Kupfer oder entwickelten völlig neue zink- oder kupferhaltige Enzyme. Die höheren Lebensformen, die sich nach dem Auftreten von Sauerstoffgas entwickelten, erfanden kaum noch neue Kobalt-Enzyme, sondern begnügten sich mit denen, die sie von ihren Vorfahren erbten. Allmählich verlernten sie sogar, das lebenswichtige Cobalamin herzustellen. Sie überliessen diese Aufgabe einfachen Bakterien und mussten diese nun essen oder mit ihnen zusammenleben, um nicht zugrunde zu gehen. Nur höhere Pflanzen können heute ohne Cobalamin auskommen. Algen, Protozoen, Tiere und Menschen müssen es jedoch in winzigen Mengen mit ihrer Nahrung zu sich nehmen. Für sie ist es das lebenswichtige Vitamin B12 – ein Erbe aus dem fernen «Kobaltzeitalter» des Lebens.

Ich muss täglich nur 1 bis 2 Millionstel Gramm dieses Vitamins essen, um langfristig zu überleben.

Kein anderes Vitamin wirkt in so geringer Menge, vielleicht, weil nur zwei der zahllosen chemischen Reaktionen in meinem Körper Vitamin B12 benötigen. Doch ohne diese zwei Reaktionen wären meine Zellen gegen Sauerstoff überempfindlich und könnten weder genügend Energie noch Erbmaterial für Tochterzellen produzieren. Ich beziehe mein Vitamin B12 zum Teil von meinen Darmbakterien, hauptsächlich aber von Fleisch, Milch und Eiern. Die Tiere, von denen diese Produkte stammen, bekommen das Vitamin wiederum von den in ihnen lebenden Bakterien oder von Pflanzen, die mit Bakterien oder Vitamin-B12-reichen Tierexkrementen verunreinigt sind. Hygienebewusste strikte Vegetarier könnten deshalb an Vitamin B12 verarmen. Dies kann Jahrzehnte dauern, da die Leber einen mehrjährigen Vorrat speichert und der Dünndarm einen Grossteil des Vitamins vor seiner Ausscheidung in den Körper zurückrettet. Vitamin-B12-Mangel schädigt Nerven und Gehirn und verursacht die tödliche Blutarmut «perniziöse Anämie». Ihre Ursache ist meist nicht eine ungenügende Zufuhr des Vitamins, sondern die fehlende Bildung eines Proteins, das von den Zellen der Magenwand in den Magen abgeschieden wird und die Aufnahme des Vitamins im Dünndarm vermittelt. Wir können diesen Proteinmangel zwar nicht heilen, durch Injektion des Vitamins in die Muskeln jedoch wirksam überbrücken und so den betroffenen Menschen ein normales Leben sichern.

Ich trage lediglich ein Tausendstelgramm Kobalt in mir. Sein Anteil an meinem Körpergewicht entspricht etwa dem eines menschlichen Haars auf meinem Auto. Doch dieses Haar ist einer der unzähligen Fäden, die mich in das Netz des Lebens einbinden. Ich wurde Biochemiker, um das chemische Geschehen in mir zu verstehen, und ahnte nicht, dass es mir von meinen fernen Ahnen und der atemberaubenden Geschichte des Lebens erzählen würde. Diese Geschichte lässt mir die Kriege, Krönungen und Reichsgründungen meines Schulunterrichts klein und unwichtig erscheinen. Ist es noch berechtigt, unsere Geschichtsschreibung mit dem Erscheinen von *Homo sapiens* zu beginnen, da nun das molekulare Palimpsest lebender Materie unseren Zeithorizont um fünf Grössenordnungen erweitert hat? Sollten nicht die Geschichtswissenschaften den Blick viel weiter als bisher in die Vergangenheit wagen? Und sollten Natur- und Geisteswissenschaften sich nicht endlich wieder die Hände reichen, um gemeinsam das Epos von unserer Menschwerdung zu schreiben?

Ungeduld
des Herzens

Wie «unsichtbarer Hunger»
die Menschheit bedroht

«Unsichtbarer Hunger» nach Vitaminen und anderen Nährstoffen, die wir nur in kleinsten Mengen benötigen, bedroht ein Drittel aller Menschen und tötet jährlich Millionen von Kindern. Verbesserte Nutzpflanzen könnten diesen Hunger lindern, doch Vorurteile und irrationale Ängste verhindern ihren Einsatz.

Fühlt ihr nicht, dass ich nicht beten kann, wenn der Hunger mir die Eingeweide zerreisst, wenn der Magen im Wahnsinn schreit: erst Brot für mich, dann Liebe, dann Geist, dann Wahrheit!» Als Konrad Alberti in seinem 1888 erschienenen Drama *Brot!* diese Worte dem jungen Thoma Münzer in den Mund legte, ahnte er nicht, dass es noch einen anderen Hunger gibt, der zwar nicht «die Eingeweide zerreisst», aber ebenso tötet wie der Hunger nach Brot.

«Hunger nach Brot» ist immer noch die grösste Bedrohung der Weltgesundheit – und seine heimtückische Schwester, die Unterernährung, bei Kindern die weitaus häufigste Todesursache. Etwa 14 Prozent der Weltbevölkerung sind chronisch unterernährt, doch zum Glück sinkt dieser Prozentsatz stetig; er war noch vor einem Jahrhundert mehrfach höher, ist heute nur halb so hoch wie vor 30 Jahren und dürfte in Zukunft noch weiter absinken. Moderne Landwirtschaft und wirtschaftliche Entwicklung haben – allen Zweiflern zum Trotz – ihre Schuldigkeit getan. Unser Hungergefühl warnt uns bei ungenügender Zufuhr von Proteinen, Fetten und Kohlenhydraten, deren sechs «Lebenselemente» Kohlenstoff, Sauerstoff, Wasserstoff, Stickstoff, Phosphor und Schwefel unserem Körper als Bausteine und Energiequelle dienen. Um uns am Leben zu erhalten, braucht es jedoch noch weitere Elemente, darunter die «Spurenelemente» Eisen, Zink, Kupfer, Iod, Fluor, Kobalt, Mangan, Molybdän, Selen und Chrom. Schliesslich muss unsere Nahrung auch etwa ein Dutzend verschiedener «Vitamine» enthalten – komplexe organische Stoffe, die unser Körper nicht selber bilden kann. Wenn wir auch Spurenelemente und Vitamine nur in winzigen Mengen benötigen, so sind sie dennoch für Wachstum, Zellatmung, Bildung der Erbsubstanz DNS und viele andere wichtige Prozesse unersetzlich. Wenn sie uns fehlen, warnt uns kein

Hungergefühl. Dieser «unsichtbare Hunger» bedroht mindestens drei Milliarden Menschen, darunter auch viele Bewohner reicher Staaten.

Vielleicht braucht unser Körper auch noch Spuren von Bor, Silizium, Zinn, Vanadium oder Nickel, doch wir sind uns dessen nicht sicher und rätseln noch, welche Aufgaben diese Elemente in unserem Körper erfüllen könnten. Der tägliche Mindestbedarf ist selbst für viele der bereits gesicherten Spurenelemente und Vitamine umstritten, da er sich meist nur schwer genau bestimmen lässt. Ist das in einem Gewebe gemessene Spurenelement tatsächlich biologisch bedeutsam? Wurde es nur zufällig mit der Nahrung aufgenommen? Oder entstammt es gar einer Verunreinigung der Analysengeräte? Kann – oder darf – man gesunden Versuchspersonen über Tage oder Monate ein Spurenelement vorenthalten, um dessen Wirkung zu bestimmen? Die Aufnahme vieler Spurenelemente oder Vitamine hängt zudem stark von anderen Spurenelementen und Vitaminen sowie von der Diät ab, sodass Angaben über den täglichen Mindestbedarf oft nur grobe Schätzungen sind. Kein Wunder, dass sich in diesem Dunst des Unwissens Scharlatane und Diätgurus tummeln, die mit pseudowissenschaftlichen Argumenten, religiösem Eifer und cleverem Geschäftssinn den unnötigen Verzehr oft gefährlicher Mengen von Spurenelementen und Vitaminen predigen.

Für Menschen, die sich vorwiegend von Reis ernähren, ist ein Mangel an Vitaminen und Spurenelementen jedoch eine tödliche Bedrohung. Weltweit darbt jedes dritte Kind an Vitamin A und jeder dritte Mensch – meist Frauen – an Eisen. Vitamin-A-Mangel lässt die vier Lichtsensoren des Auges verkümmern und das harmonische Zusammenspiel lebenswichtiger Gene entgleisen. Als Folge davon erblinden jedes Jahr Hunderttausende von Kindern – und Millionen erkranken oder sterben an Infektionen, weil ihre Immunabwehr geschwächt ist. Eisenmangel ist nicht minder bedrohlich; seine Folgen sind Anämie, bleibende Entwicklungsschäden und Anfälligkeit gegenüber Infektionen.

Ein Netz verschiedener Hilfsorganisationen, allen voran die Global Alliance for Vitamin A, verteilt seit Jahren an Kinder in den betroffenen Regionen Vitamin-A-Kapseln und senkte damit die Kindersterblichkeit um ein Viertel. Verteilung und regelmässige Einnahme der Kapseln bereiten jedoch immer wieder Probleme, und so träumten Wissenschaftler und Entwicklungshelfer davon, die Versorgung mit Vitamin A und Eisen über die Nahrung sicherzustellen.

Die Erfüllung dieses Traumes war jedoch schwieriger als erwartet. Ein Reiskorn enthält fast kein Eisen und nur geringe Spuren von orangefarbigem Karotin, das unser Körper zu Vitamin A umformen kann. Diese Eisen- und Karotinspuren beschränken sich zudem auf die Schale des Reiskorns, die beim Polieren verloren geht. Dennoch würde unpolierter Reis die Versorgung mit Vitamin A und Eisen nicht verbessern, sondern neue Probleme schaffen: die Reisschale könnte den kindlichen Vitamin-A-Bedarf bei Weitem nicht decken, wird bei Lagerung schnell ranzig und enthält zudem Stoffe, welche die Aufnahme von Eisen aus anderen Nahrungsmitteln verhindern. Um Reiskörner mit Eisen und Karotin anzureichern, müsste man die Pflanze mit etwa einem halben Dutzend aktiver Gene «aufrüsten», was mit klassischen Züchtungsmethoden kaum möglich wäre.

Um Träume zu erfüllen, braucht es praktisch veranlagte Träumer – wie den Pflanzenforscher Ingo Potrykus, der von 1987 bis 1999 an der ETH Zürich wirkte. Er träumte von einer neuen Reissorte, deren Körner nicht nur genügend Vitamin-A-Vorstufen, sondern auch genügend Eisen enthalten, um den Bedarf eines Kindes zu decken. Schon früh erkannte er, dass sich dieser Traum nur mithilfe der modernen

Gentechnologie verwirklichen liesse. Zusammen mit seinem Kollegen Peter Beyer und vielen Mitarbeitern aus der ganzen Welt gelang es ihm in mehr als einem Jahrzehnt harter Arbeit, den Karotingehalt von poliertem Reis beträchtlich zu steigern. Es war ein steiniger Weg voller Rückschläge, doch eines Tages konnten die Forscher ihren Kollegen voller Stolz Reiskörner zeigen, die dank ihres hohen Karotingehalts goldig schimmerten: Der «Goldene Reis» war geboren. Eine Tasse davon genügte, um zusammen mit der ortsüblichen Nahrung den kindlichen Tagesbedarf an Vitamin A zu decken.

Erfahrene Patentanwälte halfen dann Potrykus und seinen Mitstreitern, alle notwendigen Lizenzen und Verwendungsrechte für humanitäre Zwecke frei zugänglich zu machen. Reisbauern werden den Goldenen Reis meist als Einkreuzung in lokale Reissorten von staatlichen Reisinstitutionen beziehen, auf gleiche Weise wie herkömmlichen Reis anbauen, und – unabhängig von Saatgutfirmen – mit den Körnern einer Ernte die nächste säen können. Untersuchungen staatlicher Bewilligungsgremien konnten bisher keine gesundheitlichen Nachteile dieser neuen Reissorte finden. In den letzten Jahren entwickelten Potrykus und seine Mitarbeiter überdies noch eine eisenreiche Reissorte, die nach herkömmlicher Kreuzung mit Goldenem Reis den unsichtbaren Hunger nach Vitamin A und Eisen gleichzeitig stillen könnte.

Hunger ist oft auch eine Folge von Naturkatastrophen, Unterdrückung und Krieg. Wenn auch Wissenschaft und Technologie allein ihn deshalb nie bezwingen werden, so liefern sie uns dennoch dazu wirksame Waffen – wie den Goldenen Reis. Dieser wurde vorwiegend mit öffentlichen Geldern entwickelt, stiess aber sofort auf die erbitterte Ablehnung jener, die genetisch veränderten Pflanzen den Krieg erklärt hatten. Auch diese Aktivisten wollen Hunger bekämpfen, doch ihre Argumente können mich nicht überzeugen. Laut ihnen ist Goldener Reis ein «trojanisches Pferd», das gentechnisch veränderten Pflanzen das Tor zu den weltweiten Märkten öffnen soll. Ähnliches wurde einst auch vom ersten gentechnisch erzeugten Insulin behauptet – bis dann eine breite Palette lebensrettender gentechnischer Produkte diesen Vorwurf verstummen liess. Das Einschleusen fremder Gene, so ein weiteres Argument, hätte das Erbgut von Reis nach «Jahrmilliarden der Ruhe plötzlich gestört», was nicht nur die Umwelt, sondern auch die Gesundheit Reis essender Menschen gefährde. Dieser Einwand zeugt von einem romantischen Glauben an eine unberührte Natur, die für sich allein die grossen Probleme der Menschheit löst. Er übersieht, dass traditionelle Pflanzenzüchter seit Jahrtausenden ungezählte Gene unkontrolliert von einer Pflanze in eine andere einkreuzen – und dass in den fast 4 Milliarden Jahren der Evolution Gene unablässig zwischen verschiedenen Lebensformen hin- und hersprangen. Dennoch ist der Einsatz von Goldenem Reis seit zehn Jahren blockiert.

Wie schade, dass man nicht auf die verzweifelten Klagen der Mütter hörte, deren Kinder an Vitamin-A-Mangel starben. Mitleid mit den Hungernden dieser Welt ist grausam, wenn es diesen nicht mit allen verfügbaren Mitteln helfen will. «Es gibt eben zweierlei Mitleid. Das eine, das schwachmütige und sentimentale, das eigentlich nur Ungeduld des Herzens ist, sich möglichst schnell freizumachen von der peinlichen Ergriffenheit vor einem fremden Unglück, jenes Mitleid, das gar nicht Mitleiden ist, sondern nur instinktive Abwehr des fremden Leidens vor der eigenen Seele.» Hat Stefan Zweig die Zukunft gesehen, als er 1938 diese mahnenden Worte fand?

Planet der Mikroben

Warum wir Infektionskrankheiten nie endgültig besiegen werden

Bakterien und Viren passen ihr Erbgut viel schneller an die Umwelt an als wir Menschen und finden deshalb immer wieder Wege, um die Abwehr unseres Körpers und unsere Medikamente zu überlisten. In diesem ungleichen Kampf ist unser Gehirn die schärfste Waffe.

Als mir am 22. September 1994 der Tontechniker am Internationalen Biochemiekongress in Neu-Delhi das Mikrofon ans Jackett heftete, flüsterte er mir eine Botschaft zu, die mir das Blut in den Adern gefrieren liess: Am Tag zuvor sei in Surat, einer Stadt mit 1,6 Millionen Einwohnern südwestlich von Neu-Delhi, die Pest ausgebrochen. Schon seit Wochen hätte man in der dortigen Region ein massives Rattensterben beobachtet – und nun sei vor Kurzem ein Patient an Lungenpest gestorben. Da ich sofort nach meinem Vortrag heimreiste, erfuhr ich erst aus dem Schweizer Fernsehen, dass es in

Surat zu einer Massenpanik gekommen war: In nur zwei Tagen verliessen 300 000 Menschen fluchtartig die Stadt, in der schon am ersten Tag keine Antibiotika mehr zu finden waren. Nach anfänglichem Stolpern gelang es den Behörden, die Seuche innerhalb von zwei Wochen einzudämmen, sodass die Zahl der Todesopfer mit 56 verhältnismässig gering blieb. Doch die weltweite Bestürzung zeigte eindrücklich, wie sehr die Angst vor der Pest das Gedächtnis der Menschheit belastet.

Diese Angst ist wohlbegründet, denn das Pestbakterium hat im Verlauf der letzten eineinhalb Jahrtausende in mindestens drei historisch belegten Seuchen ungezählte Menschen dahingerafft, weite Teile der Welt entvölkert und damit die menschliche Geschichte entscheidend mitbestimmt. Genetische Untersuchungen an Zähnen und Knochen aus historisch datierten «Pestgruben» haben uns ein erstaunlich genaues Bild vom Ursprung und Verlauf der ersten beiden Seuchen gezeichnet. Beide kamen wahrscheinlich aus China und gelangten über die Seidenstrasse und über Schiffe nach Westen. Die erste Welle erreichte Konstantinopel unter Kaiser Justinian im Jahre 542 n. Chr., tötete wahrscheinlich etwa die Hälfte der Bevölkerung Europas und dürfte so den muslimischen Eroberern den Weg geebnet haben. Die zweite Welle erfasste um die Mitte des 14. Jahrhunderts Sizilien und Italien und überrollte von dort aus in einer klassischen militärischen Zangenoperation grosse Teile Europas: Der erste Angriff zielte auf den Hafen von Marseille und unterwarf von dort aus die Britischen Inseln; der zweite drang von Norwegen aus bis in die Niederlande vor. Dieser «Schwarze Tod» wütete mit örtlichen Unterbrechungen bis ins 18. Jahrhundert, entvölkerte ganze Landstriche, untergrub die gesellschaftliche Ordnung und führte zu Hungersnot, kulturellem Niedergang, Judenverbrennungen und religiöser Hysterie.

Auch die dritte grosse Pestwelle hatte ihren Ursprung in China: Sie brach 1894 in der chinesischen Provinz Yunnan aus und erreichte über Hongkong und die Schifffahrtsrouten schnell die ganze Welt. Doch nun konnte diese der gefürchteten Krankheit endlich die Stirn bieten. Der aus dem schweizerischen Aubonne stammende Bakteriologe Alexandre Yersin entlarvte den Krankheitserreger mithilfe seines japanischen Mitarbeiters Kitasato Shibasaburō als ein Bakterium, das heute zu Ehren seines Entdeckers den Namen *Yersinia pestis* trägt. Zudem zeigte die mühevolle Detektivarbeit vieler Forscher, dass das Bakterium bevorzugt wilde Nagetiere und andere Säuger befällt. Infizierte Ratten sind für uns Menschen besonders gefährlich, da sie seit Jahrtausenden unsere unerwünschten Mitbewohner sind und ihre Krankheit über Flöhe auf uns übertragen können. Was hätte der französische König Philipp VI. wohl für dieses Wissen gegeben, als er im Oktober des Jahres 1348 die Medizinische Fakultät der Universität Paris nach der Ursache der Seuche befragte! Er bekam zur Antwort, dass eine Konjunktion der Planeten Saturn, Mars und Jupiter am 20. März 1345 um 13 Uhr eine Korruption der Atmosphäre und damit die Krankheit ausgelöst hätte.

Bis heute gibt es keinen wirksamen Impfstoff gegen die Pest, sodass wir darauf angewiesen sind, sie durch Rattenbekämpfung, vorsichtigen Umgang mit Hunden und Katzen sowie strikte Hygiene im Zaum zu halten – und notfalls durch schnelle Diagnose und Antibiotika in die Knie zu zwingen. *Yersinia pestis* ist also bei Weitem noch nicht besiegt. Wenn es Flöhe infiziert, blockiert es deren Verdauungstrakt, sodass die Flöhe trotz ausreichender Nahrung an Dauerhunger leiden, unablässig warmblütige Opfer anfallen und dabei einen Teil des in ihnen angestauten, infizierten Blutmahls übertragen. Und wenn *Yersinia pestis* von den Abwehrzellen unseres Körpers angegriffen wird, spritzt es ihnen ein Gift ein und setzt sie so ausser Gefecht. Könnte es sein, dass das Pestbakterium bald allen unseren heutigen Antibiotika zu trotzen vermag? Bereits 1995 entdeckten Ärzte in einem 16-jährigen pestkranken Knaben aus Madagaskar die ersten Pestbakterien, gegen die fast alle der gängigen Antibiotika wirkungslos waren. Dieser neue Bakterienstamm hatte sich offenbar DNS-Stücke einverleibt, die ein Arsenal verschiedener Resistenzgene tragen und in der Natur unablässig zwischen verschiedenen Baktcrienarten hin- und herspringen. Diese wandernde Sammlung von Resistenzgenen erklärt, weshalb Resistenz gegen ein Antibiotikum sich so rasend schnell verbreiten kann. Sollte es uns nicht gelingen, diese «multiresistenten» Pestbakterien mit einem neuartigen Antibiotikum in die Knie zu zwingen, könnten sie zu einer globalen Bedrohung werden.

Infektionskrankheiten verursachen immer noch etwa ein Drittel aller menschlichen Todesfälle; allein das Aids-Virus fordert jährlich etwa zweieinhalb Millionen Opfer. Und manche Leiden, denen wir bisher andere Ursachen zuschrieben – wie Magengeschwüre, chronische Müdigkeit sowie manche Formen von Krebs und chronischem Asthma –, entpuppen sich als Folgen von Infektionen durch Bakterien oder Viren. Zudem haben viele Krankheitserreger gelernt, sich nicht nur in unserem Körper, sondern auch im Inneren unserer Zellen zu vermehren und dafür deren Strukturen und Stoffwechselwege zu missbrauchen. Dies gilt nicht nur für alle Viren, sondern auch für viele Bakterien. Wenn unsere Zellen Nahrung und andere Stoffe aus der Umwelt aufnehmen, reisen Viren oft als blinde Passagiere mit und benützen dann die Transportwege innerhalb der Zelle, um sich in dieser häuslich einzurichten. Bakterien wiederum umhüllen sich oft mit Proteinen, die denen menschlicher Zelloberflächen täuschend ähnlich sind. Wenn unsere Zellen dann die maskierten Fremdlinge fest an sich binden, um mit ihnen ein Gewebe auszubilden, öffnen sie ihnen Tür und Tor. Viren und viele Bakterien dringen also nicht aktiv in unsere Zellen ein, sondern lassen sich von ihnen verschlucken. Viele komplex gebaute Krankheitserreger – wie *Mikrosporidien* oder *Toxoplasma gondii* – haben hingegen bizarre Injektionsorgane entwickelt, mit denen sie sich unter beträchtlichem Energieaufwand in ihre Opferzellen bohren, um sich in ihnen zu vermehren.

Unser Körper hat im Verlauf der Evolution gelernt, sich gegen Krankheitserreger zu schützen. Die «weissen» Zellen unseres Blutes und unseres Lymphsystems sowie andere Polizeizellen in unseren Geweben spähen unablässig nach körperfremden Molekülen an der Oberfläche von Eindringlingen und heften sich an diese, um sie entweder zu verschlucken und zu verdauen oder mit aggressiven Chemikalien zu zersetzen. Bei ihrem Einsatz kommen diese Polizisten oft selbst ums Leben und enden als grüngelber Eiter. Zudem senden sie chemische SOS-Signale an das Immunsystem, welches eiligst «Antikörper»-Proteine aussendet oder neu schneidert, die sich spezifisch den Eindringlingen anheften und sie im Verein mit anderen Blutproteinen töten. Diese Immunabwehr kann sich jedoch auch gegen uns selbst richten: Viele Symptome von Infektionskrankheiten – wie die von Mumps und manchmal auch von Tuberkulose – sind nichts anderes als Kollateralschäden durch ein übereifriges Immunsystem.

Unser Kampf gegen Krankheitserreger tobt seit Millionen von Jahren und hat nicht nur uns, sondern auch die Krankheitserreger geprägt. Unablässig verändern sie ihr Erbmaterial und schaffen damit neuartige Formen, gegen die unsere Verteidigung machtlos ist. Dabei scheuen Bakterien nicht davor zurück, sich Stücke unseres Erbmaterials einzuverleiben. Dieser genetische Datenklau erklärt wahrscheinlich die Herkunft der Proteine, mit denen manche Bakterien sich maskieren, um an unsere Körperzellen anzudocken und in sie einzudringen. Auch wir verändern unter dem Selektionsdruck der

Erreger unsere Gene, um uns besser zu verteidigen: Eine Mutation, die den roten Blutfarbstoff verändert und eine schmerzhafte und lebensverkürzende Blutarmut bewirkt, ist in den Malariaregionen Afrikas weitverbreitet, weil ihre Träger gegen diese Infektionskrankheit weniger anfällig sind. Dennoch ziehen wir in diesem genetischen Katz-und-Maus-Spiel mit den viel flinkeren Viren und Bakterien unweigerlich den Kürzeren: Unser Erbmaterial unterscheidet sich von dem unseres nächsten Verwandten, des Schimpansen, um weniger als 2 Prozent, obwohl wir seit 6 bis 8 Millionen Jahren getrennte Wege gehen. Ein Poliovirus hingegen erzielt die gleiche Änderung seines Erbmaterials in nur fünf Tagen – noch bevor es aus unserem Mund in den Darm gedrungen ist. Wenn auch Bakterien meist langsamer mutieren als Viren, so genügen ihre schnelle Vermehrung und immense Zahl ebenfalls bei Weitem, um uns im genetischen Wettlauf in den Startlöchern zurückzulassen.

Dennoch ist unser Kampf mit Krankheitserregern nicht aussichtslos, denn wir schöpfen unsere biologische Kraft nicht nur aus der DNS unserer Gene. Auch unser Wissen ist «genetische» Information. Wir vererben dieses Wissen zusammen mit unseren Genen, können es jedoch viel schneller an veränderte Bedingungen anpassen und im Kampf gegen Bedrohungen einsetzen. Unser Wissen schenkte uns in weniger als zwei Jahrhunderten bessere Hygiene, sterile Operationstechniken, Schutzimpfungen und präzise Diagnosen. Ein Höhepunkt dieser «genetischen» Verteidigung sind die Antibiotika, von denen wir uns einst das Ende bakteriell verursachter Krankheiten erhofften. Für meine Generation, die diese Entwicklung miterlebte, waren Penicillin, Streptomycin, Tetracyclin und Chloramphenicol verheissungsvolle Aufschriften über dem Tor zu einem Goldenen Zeitalter der Medizin. Dass Medizin, Landwirtschaft und Tierzucht diese Wunderwaffen aus Leichtsinn und finanzieller Raffgier dann rücksichtslos missbrauchten und ihre Wirksamkeit innerhalb weniger Jahrzehnte schwächten, ist eines der traurigsten Kapitel der menschlichen Geschichte. Immer wieder warnten Biologen und Mediziner, dass Antibiotika Naturstoffe sind, die seit Hunderten von Jahrmillionen in der Biosphäre vorkommen, sodass Resistenz gegen sie weitverbreitet sein muss. In der Tat sind die meisten der bisher untersuchten Bodenbakterien gegen sieben bis acht der heutigen Antibiotika unempfindlich. Sie bilden ein schier unermessliches Reservoir an Resistenzgenen, aus dem nichtresistente Bakterien jederzeit schöpfen können.

Wie konnten wir je glauben, mit unseren Antibiotika Infektionskrankheiten ein für alle Mal zu besiegen? Es war die Hybris einer selbsternannten Herrenrasse, die mit neuartigen Waffen eine biologische Übermacht unterdrücken wollte. Doch die Natur duldet keine biologische Apartheid. Unsere Erde ist keine *Terre des hommes*, sondern ein Planet der Mikroben. Diese haben die Erde Jahrmilliarden vor uns besiedelt und für uns urbar gemacht. Wir haben uns sehr spät in das Netz des Lebens gedrängt und vergessen, dass wir darin nur eine winzige Masche sind. Unser als DNS gespeichertes Erbgut ist zwar hochkomplex; könnten wir es aus allen Menschen isolieren und zu einem einzigen Faden verbinden, so wäre dieser 20-mal länger als die Entfernung zwischen Erde und Mond. Die DNS aller Mikroben ergäbe jedoch einen Faden, der wahrscheinlich das ganze Universum durchspannen würde. Gegen dieses in zahllosen mikrobiellen DNS-Fäden brodelnde, sich unablässig wandelnde biologische Wissen müssen wir uns behaupten. Vertrauten wir dabei allein unseren Genen, wären wir bald wieder kulturlose Tiere – oder vom Erdboden verschwunden. Nur unser wundersames Gehirn ist flink und erfindungsreich genug, um unsere biologischen Feinde in Schach zu halten und unserer Spezies eine ihrer würdige Zukunft zu sichern.

Das grosse Würfelspiel

Warum sexuelle Fortpflanzung uns Individualität schenkt

Sexuelle Fortpflanzung vermischt die Erbanlagen der Eltern nach dem Zufallsprinzip. Damit schenkt sie jedem Kind Einmaligkeit und unserer menschlichen Spezies erneuernde Vielfalt und biologische Kraft.

Welche Eltern freuen sich nicht, wenn ihr Kind ihnen gleicht? Doch sie mögen sich auch fragen, welche geheimnisvolle Kraft ihm Eigenschaften verlieh, die ihnen selbst fehlen. Es war das Würfelspiel der sexuellen Fortpflanzung, das die Gene beider Eltern vermischte und so dem Kind ein völlig neues – und somit einmaliges – Erbgut schenkte. Dieses Würfelspiel sichert unserer Spezies biologische Vielfalt und erneuernde Kraft.

Sexuelle Fortpflanzung erfordert zwei Geschlechter. Bei vielen Fischen und Reptilien bestimmt die Bruttemperatur das Geschlecht des im Ei reifenden Lebewesens. Je nach Tierart kann dabei eine tiefe Temperatur die Entwicklung von Männchen oder Weibchen fördern. Andere Lebewesen steuern das Geschlecht über Gene – und wieder andere über den einen oder den anderen dieser Mechanismen.

Säugetiere, Fliegen und einige Pflanzen bestimmen das Geschlecht über besondere Chromosomen. Jede unserer Körperzellen besitzt 46 wurmartige Chromosomen, in denen die fadenförmigen DNS-Moleküle unseres Erbmaterials hochverdrillt und umhüllt mit bestimmten Proteinen verpackt sind. In Frauen sind je zwei dieser Chromosomen nahezu identisch; eines stammt jeweils von der Mutter und das andere vom Vater. Mit einer Ausnahme gilt dies auch für Männer. Die Ausnahme ist das sogenannte X-Chromosom, das bei Frauen mit einem zweiten X-Chromosom, bei Männern jedoch mit einem ihm unähnlichen Partner – dem Y-Chromosom – gepaart ist. Dieses Y-Chromosom findet sich nur bei Männern. Es trägt lediglich 45 Gene, etwa 20-mal weniger als das X-Chromosom oder die meisten anderen Chromosomen. Viele der Gene auf dem X- und dem Y-Chromosom steuern das Geschlecht und die sexuelle Fortpflanzung.

Ei- und Spermazellen besitzen keine Chromosomenpaare, sondern von jedem Chromosom nur ein einziges Exemplar. Die (weibliche) Eizelle trägt stets ein X-Chromosom, und die (männliche) Spermazelle entweder ein X- oder ein Y-Chromosom. Befruchtung des Eies durch eine X-haltige Spermazelle zeugt ein XX-Embryo – also eine Frau. Befruchtung durch eine Y-haltige Spermazelle zeugt ein XY-Embryo – also einen Mann. Bevor sich aber die beiden Partner eines Chromosomenpaares voneinander trennen, um in eine Ei- oder Spermazelle sortiert zu werden, tauschen sie Teile untereinander aus und verändern sich oft auch noch auf andere Weise. Dabei mischen sie die Gene der beiden Eltern nach dem Zufallsprinzip in schier unendlichen Kombinationen. Gibt es ein grossartigeres Würfelspiel?

Y- und X-Chromosomen entstanden vor etwa 300 Millionen Jahren, als sich die Säugetiere von den Reptilien trennten. Das X-Chromosom bewahrte die meisten seiner ursprünglichen Gene, doch das Y-Chromosom verlor sie fast alle, weil es beschädigte Gene nicht – oder nur mangelhaft – ausbessern kann. Gene sind nämlich chemisch instabil und müssen laufend repariert werden. Ein Gen auf einem der 22 «normalen» Chromosomenpaare hat dafür ein gleichartiges Gen am Partnerchromosom als Sicherheitskopie zur Verfügung. Bei Frauen gilt dies natürlich auch für die Gene ihres XX-Chromosomenpaares. Bei Männern haben jedoch weder das X- noch das Y-Chromosom einen gleichartigen Partner – und somit ihre Gene keine Sicherheitskopie. Gene des X-Chromosoms können etwaige Schäden immerhin ausbügeln, wenn sie über sexuelle Fortpflanzung wieder in eine weibliche Körperzelle gelangen, die ihnen ein zweites X-Chromosom bietet. Genen des Y-Chromosoms ist jedoch dieser Weg verwehrt, weil in Männern auch die Körperzellen nur ein einziges Y-Chromosom tragen. Überdies muss ein Y-Chromosom lange Zeit in einer Spermazelle ausharren, die wegen ihres hohen Energiebedarfs intensiv atmet und deshalb ihre Gene verstärkt durch Oxidation schädigt. Gene am Y-Chromosom leben also gefährlich und mutieren etwa fünfmal schneller als die meisten anderen Gene, sodass das menschliche Y-Chromosom heute mit Genschrott durchsetzt ist.

Noch dazu können selbst verhältnismässig intakte Y-Chromosomen für immer verloren gehen, wenn ihr männlicher Träger keinen Sohn zeugt. Unser Y-Chromosom dürfte deshalb früher oder später ganz verschwinden. Wahrscheinlich versuchen seine geschlechtsbestimmenden Gene schon jetzt, sich auf andere Chromosomen zu retten. Weil einzelne Teile des Y-Chromosoms verschieden schnell mutieren, ist es allerdings noch ungewiss, wie lange sich dieses Chromosom noch halten kann.

Schätzungen schwanken zwischen etwa 100 000 und über 10 Millionen Jahren.

Selbst Mutationen am X-Chromosom betreffen vor allem Männer, weil diese ja auch von diesem Chromosom nur ein Exemplar besitzen und deshalb seine Mutationen nicht mit einer intakten Sicherheitskopie abpuffern oder übertünchen können. Für die Evolution ist deshalb das X-Chromosom ein Experimentierfeld für neue Gene, die vorwiegend den Männern zugutekommen. Auffallend viele dieser Gene steuern Fortpflanzung und geistige Entwicklung. Ist das X-Chromosom also «smart und sexy» – wie dies eine meiner Kolleginnen behauptet hat? Könnte es sein, dass Intelligenz auf Frauen als Merkmal «guter» Gene – und damit als sexuelles Lockmittel – wirkt und in früheren Gesellschaften intelligenten Männern besonders reichen Kindersegen sicherte?

Sollte aber unser Y-Chromosom ganz verschwinden, bedeutete dies auch das Ende aller Männer? Glücklicherweise nicht, denn unsere Spezies könnte ohne sie nicht überleben. Die «Männlichkeitsgene» würden dann wohl von einem anderen Chromosom aus – gewissermassen aus dem Exil – wirken. Das grosse Würfelspiel würde dann dieses Exil langsam, aber sicher zu einem neuen Männlichkeitschromosom umformen und so eine weitere Runde des Werdens und Vergehens einläuten.

Dass Männer und Frauen nicht aus dem gleichen Holz geschnitzt sind, bestätigt also auch die molekulare Biologie. Leider verführt fast jede neue Entdeckung geschlechtsspezifischer Denk- und Verhaltensmuster zu vorschnellen und schlagzeilenträchtigen Schlüssen über «Stärken» und «Schwächen» von Frauen oder Männern – oder aber zur «politisch korrekten» Leugnung jeglicher Unterschiede. Solche Reaktionen verletzen mein Menschenbild, weil sie nicht wahrhaben wollen, wie entscheidend biologische Unterschiede zwischen Mann und Frau unser Leben und unsere Kultur bereichern. Eiferer beider Seiten haben dieses Thema nicht nur in unserer Gesellschaft, sondern sogar in der Wissenschaftsgemeinde tabuisiert und diese damit ins Mark getroffen. Wenn wir Wissenschaftler kontroverse Fragen nicht mehr frei und emotionslos diskutieren können, verlieren wir den Boden unter den Füssen. Natürlich widersprechen viele der in unserer Urzeit entwickelten geschlechtsspezifischen Verhaltensmuster den heutigen Bedürfnissen; anders als Tiere können wir jedoch biologische Zwänge kraft unseres Verstandes und unserer Kultur zumindest teilweise überwinden und veredeln. Dazu mussten wir in einem jahrmillionenlangen Kampf urtümliche Gene zerstören und andere neu entwickeln. Erst dieser Kampf liess uns zu Menschen werden.

WUNDERSAME REISE

WIE MENSCHLICHE SPERMAZELLEN EINE EIZELLE FINDEN

Für die Befruchtung einer Eizelle müssen menschliche Spermazellen eine lange und gefährliche Reise antreten, die nur die Besten unter ihnen bestehen. Duftstoffe könnten ihnen dabei den Weg weisen.

Wie begann ich? Und welche geheimnisvolle Kraft liess mich Mitschöpfer meiner Kinder sein? Das Werden neuen Lebens ist ein Wunder, das wir erst jetzt in molekularem Detail zu verstehen beginnen.

Als der Holländer Antonie van Leeuwenhoek im Jahre 1677 in seinem selbstgebauten Mikroskop menschliche Spermazellen betrachtete, vermutete er, dass winzige Tierchen in ihnen zu Menschen würden. Damit hatte er nur die halbe Wahrheit entdeckt: Heute wissen wir, dass jeder von uns mit der Verschmelzung einer Ei- und einer Spermazelle beginnt. Für die Spermazelle ist dieses Ereignis die letzte Station einer abenteuerlichen Reise, die von reissenden Wasserwirbeln, zähen Morasten, mörderischen Wegelagerern – und vielleicht auch von betörenden Düften geprägt ist.

Eine menschliche Spermazelle braucht Monate zur Reife, hat dann aber nur sehr wenig Zeit, um im Körper einer Frau eine Eizelle zu finden. Die Erfolgschancen dafür sind fast unvorstellbar gering: Von den 10 bis 100 Millionen Spermazellen, die sich jeweils auf die Reise machen, schafft es – bestenfalls – nur eine einzige. Viele Spermazellen sind von vornherein missgebildet und nicht reisefähig, und unzählige andere sterben in Flüssigkeitswirbeln oder Schleimbarrieren des weiblichen Urogenitaltrakts. Und da dieser die Spermazellen als eindringende Parasiten missdeutet und todbringende Immunzellen auf sie hetzt, kann sich nur eine kleine Hundertschaft der Schnellsten und Zähesten ins äussere Ende des Eileiters retten. Dessen zottige Innenwand gewährt ihnen für drei bis fünf Tage eine Zuflucht, in der sie in einem grausamen Männlichkeitsritus ihre volle Reife erlangen. Dabei werden Schwächlinge durch oxidierende Helferzellen wie mit Flammenwerfern verbrannt und die Oberfläche der noch verbliebenen Anwärter durch chemisches Schrubben aufgeweicht, um die Verschmelzung mit einer Eizelle

zu erleichtern. Kleine Grüppchen der voll ausgereiften Spermazellen setzen dann in Wellen zum entscheidenden Endspurt in das Innere des Eileiters an.
Dabei kämpfen sie nicht nur gegen ein zerklüftetes
und lichtloses Terrain, sondern auch gegen die Zeit:
Sie haben nur noch höchstens vier Stunden zu leben –
und eine Eizelle wartet nach ihrer Ablösung vom
Eierstock höchstens 24 Stunden auf einen Bräutigam. Deshalb schafft es wahrscheinlich nur ein kleines Fähnlein kampfgestählter Spermazellen, bis zur
Eizelle vorzudringen.

Selbst dies ist nur möglich, weil die Natur den
Spermazellen zu Hilfe eilt. Sie sorgt dafür, dass der
Eileiter flussaufwärts immer wärmer wird und so den
Wärmesensoren der Spermazellen den Weg weist.
Und vielleicht lässt sie die Eizelle auch Duftstoffe
verströmen, welche die Geruchssensoren der Spermazellen wahrnehmen und diese Zellen zum Ei
locken. Welche Duftstoffe dies sind, ist noch unbekannt. Hauptverdächtige sind das weibliche Geschlechtshormon Progesteron und kleine Proteine.
Im Reagenzglas lassen sich menschliche Spermazellen auch von Blumenduftstoffen wie Lyral und Bourgeonal betören, von denen wahrscheinlich bereits ein
einziges Molekül das Schlagverhalten der Geissel
sowie die Wanderungsrichtung einer Spermazelle

verändern kann. Die Spermazellen messen dabei nicht die absolute Konzentration des Duftstoffs, sondern dessen zeitliche Veränderung – und dies höchst genau über einen millionenfachen Konzentrationsbereich. So können sie die Quelle des Duftstoffs nicht nur aus grosser Entfernung, sondern auch aus nächster Nähe präzise orten.

Jeder der etwa 400 verschiedenen Duftsensoren unserer Nasenschleimhaut beansprucht für sich eine eigene geruchsempfindliche Zelle. Sollte dies auch für Spermazellen zutreffen, könnten sich diese durch ihre Duftsensoren voneinander unterscheiden und auf den Duft einer Eizelle verschieden ansprechen. Ist es denkbar, dass individuelle Attraktion selbst die Befruchtung einer Ei- mit einer Spermazelle prägt?

Eine solche Attraktion könnte uns auch helfen, die Kraft unseres Immunsystems zu sichern. Viele Proteine dieses Systems können fremdes Gewebe, Parasiten und andere Eindringlinge erkennen und die Abwehrzellen unseres Körpers alarmieren. Mehr als 200 Gene für solche Proteine finden sich dicht gedrängt in einem besonderen Abschnitt unseres Erbmaterials, dem «MHC-Komplex». Dieser Komplex wird meist als Einheit vererbt, doch seine Gene sind von Mensch zu Mensch stark verschieden. Jede

Körperzelle besitzt zudem zwei dieser MHC-Komplexe – einen von der Mutter und einen vom Vater. Je stärker sich diese beiden Versionen voneinander unterscheiden, desto reichhaltiger ist unser immunologisches Abwehrrepertoire und desto besser können wir uns gegen Infektionskrankheiten wehren. Aus noch unbekannten Gründen scheinen Frauen es zu riechen, ob sich die MHC-Komplexe eines Mannes von den ihren stark unterscheiden. Sie empfinden das Aroma dieses Mannes als angenehm – und bevorzugen ihn wohl deshalb überdurchschnittlich oft als Paarungspartner. Könnte es sein, dass auch eine Spermazelle dies tut? Bei der Bildung von Ei- und Spermazellen werden die mütterlichen und väterlichen Erbanlagen neu durchmischt und verändert. Dies erlaubt so viele Kombinationen, dass jede – oder fast jede – Spermazelle Düfte individuell wahrnehmen und jede – oder fast jede – Eizelle verschiedene Düfte aussenden könnte. Wenn Spermazellen sich im Körper des Mannes nur dann entwickeln könnten, wenn ihr Geruchssensor für den eigenen MHC-Komplex unempfindlich ist, würden sie nur von solchen Eizellen angelockt, deren MHC-Komplex sich von ihrem eigenen deutlich unterscheidet. Diese Hypothese ist zwar noch unbewiesen; in Vogelweibchen und Mauslemuren, die sich von verschiedenen

Männchen begatten lassen und darauf für einige Zeit Spermazellen verschiedener Herkunft in sich tragen, «siegen» jedoch in der Tat meist die Spermazellen, die der Eizelle – und damit dem neuen Lebewesen – eine möglichst grosse Vielfalt von MHC-Genen sichern.

Die Natur ist Meisterin der Variation und kann ein Thema auf immer neue Weise erklingen lassen. Wenn Lachse nach Jahren im Meer in den Fluss ihrer Geburt zurückkehren und dabei Tausende von Kilometern zurücklegen, orientieren sie sich wahrscheinlich zunächst am Magnetfeld der Erde und an anderen Signalen. Doch wenn sie dann an der Küste ihren Heimatfluss suchen, erinnern sie sich an dessen Geruch und folgen ihm. Auf den wundersamen Reisen von Lachsen und menschlichen Spermazellen erreicht nur eine Elite das Ziel – und sichert so die Gesundheit und das langfristige Überleben ihrer Spezies. Ähnliches gilt für die unbewussten Duftgespräche zwischen Frau und Mann – und vielleicht auch zwischen Ei- und Spermazellen. Entzaubert dieses Wissen die menschliche Liebe – oder lässt es sie noch wunderbarer erscheinen?

WIDER DIE NATUR?

WIE GENE UND UMWELT DAS SEXUELLE VERHALTEN PRÄGEN

Auch das Tierreich kennt Homo- und Bisexualität. Versuche an der Fruchtfliege Drosophila melanogaster *sowie an Ratten und Katzen zeigen, dass Gene, Medikamente sowie die Umwelt sexuelle Vorliebe beeinflussen. Konkrete Rückschlüsse auf menschliches Verhalten sind zwar noch verfrüht, doch auch unsere sexuellen Vorlieben dürften einem Wechselspiel von Genen und Umwelt entspringen.*

W enn jemand beim Knaben schläft wie beim Weibe, die haben einen Greuel getan und sollen beide des Todes sterben; ihr Blut sei auf ihnen.» Der Nachhall dieses fast drei Jahrtausende alten biblischen Donnerworts aus Leviticus 20 ist selbst heute noch nicht verstummt. Und da es nicht nur die Liebe zwischen Knaben (wie Luther es ungenau übersetzte), sondern auch die zwischen erwachsenen Männern verbot, hat es unzähligen von ihnen das Lebensglück geraubt. England liess noch 1835

Homosexuelle hinrichten, Hitlers Schergen depor-
tierten und ermordeten Zehntausende von ihnen,
und der berüchtigte Paragraph 175 des preussischen
Strafrechts ahndete «Ausschweifung gegen die
Natur» bis ins Jahr 1969. Erst 1981 setzte der Euro-
päische Gerichtshof für Menschenrechte mit seiner
Entscheidung im Prozess Dudgeon gegen das Verei-
nigte Königreich ein klares Signal gegen die gesetz-
liche Ächtung homosexueller Menschen. Auch die
Zeit, als Psychiater Homosexuelle zu «heilen» versuchten, ist wohl endgültig vorbei.

Was bewegt Menschen zur gleichgeschlechtli-
chen Liebe? Sind es die Gene – oder ist es die Umwelt?
Dass Gene eine wichtige Rolle spielen, bezeugen
Untersuchungen an Zwillingsbrüdern: Ist einer von
ihnen homosexuell, dann ist die Wahrscheinlichkeit,
dass es auch der andere ist, bei eineiigen (also genetisch identischen) Zwillingen etwa doppelt so hoch
wie bei zweieiigen, und bei diesen wiederum doppelt
so hoch wie bei nicht verwandten adoptierten Brü-
dern. Diese und andere Befunde sprechen dafür, dass
mehrere Gene im Spiel sind, dass auch die Umgebung
eine Rolle spielt und dass es zwischen Hetero- und
Homosexualität viele Zwischentöne gibt.

Wir Menschen sind nur ein später Zweig am
Baum des Lebens – und so finden sich urtümliche

Vorläufer unseres Verhaltens oft in Tieren oder sogar Bakterien. Nicht zuletzt gilt dies auch für sexuelles Verhalten. Bei der Fruchtfliege *Drosophila melanogaster* ist dieses Verhalten streng stereotyp, weil dieses kleine Insekt nur 100 000 Nervenzellen besitzt – lächerlich wenig im Vergleich zu den 100 Milliarden Nervenzellen eines Menschen. Dennoch ist bei *Drosophila* – ebenso wie immer noch bei einem Grossteil der Menschheit – die Werbung Männersache und das letzte Wort ein Vorrecht des Weibchens. Und ähnlich wie bei uns Menschen interessieren sich auch bei *Drosophila* einige Männchen sowohl für Weibchen als auch Männchen.

Dieses bisexuelle Verhalten lässt sich durch Mutation einzelner Gene so verstärken, dass fast jedes Männchen beide Geschlechter mit gleicher Inbrunst umwirbt. Zwei dieser Gene entfalten ihre Wirkung bereits während der embryonalen Entwicklung, bei der sie Hunderte, wenn nicht Tausende untergeordneter Gene und damit die geschlechtsspezifische Ausbildung des Gehirns und anderer Körperteile steuern. Ein weiteres Gen erhöht die Konzentration des Nervensignalstoffs Glutamat im Gehirn und erhöht damit die Reizschwelle gewisser Nervenzellen, die geschlechtsspezifische Gerüche verarbeiten. Fällt dieses Gen durch Mutation aus, so sinkt die Glutamatkonzentration im Gehirn, die Glutamat-spezifischen Nervenzellen versuchen dies wettzumachen, indem sie gegenüber Glutamat überempfindlich werden – und melden dann vielleicht nicht nur weibliche, sondern auch männliche Düfte als sexuellen Anreiz. Deshalb können auch Medikamente, die Glutamat-spezifische Nervenzellen künstlich anregen, in normalen Fliegen bisexuelles Verhalten auslösen. Attraktion zwischen Männchen wird aber offenbar auch von Nerven mitbestimmt, die auf das Gehirnhormon Serotonin ansprechen: Erhöht man die Konzentration dieses Hormons genetisch oder durch Medikamente, so werden nicht nur männliche Fliegen, sondern auch Rattenmännchen und Kater bisexuell. Fliegenweibchen sind in ihrer sexuellen Vorliebe offenbar viel gefestigter, denn ihre kompromisslose Vorliebe für das «starke Geschlecht» liess sich bisher weder durch Medikamente noch durch Mutation von Genen ins Wanken bringen. Allerdings sind Untersuchungen zur sexuellen Neigung der Weibchen viel schwieriger durchzuführen als bei den Männchen; die Weibchen könnten also noch für Überraschungen sorgen.

Im Gegensatz zu *Drosophila melanogaster* ist bei vielen anderen *Drosophila*-Arten männliche Bisexualität häufig oder gar die Regel. Warum duldet die

Natur dieses Verhalten, obwohl es nicht der Fortpflanzung dient? *Drosophila melanogaster* schneiderte vor 2 bis 3 Millionen Jahren aus Teilen seines Erbmaterials ein neues Gen, das die Männchen auf Weibchen fixiert. Pflanzt man dieses Gen Männchen anderer *Drosophila*-Arten ein, unterdrückt es deren Bisexualität.

Auch eine Überzahl bisexueller Mutanten kann in «normalen» *Drosophila-melanogaster*-Männchen bisexuelles Verhalten auslösen. Diese Männchen folgen dabei offenbar nicht instinktiv einem aphrodisischen Duftbefehl ihrer bisexuellen Artgenossen, sondern ändern ihr sexuelles Verhalten erst im Verlauf von Stunden. Vermutlich müssen sie erst ihr Nervensystem oder andere Körperteile umprogrammieren. Auch die Umwelt kann also bisexuelles Verhalten auslösen, wobei es noch offen ist, ob dieses erworbene Verhalten an die männlichen Nachkommen vererbt werden kann. Denkbar wäre dies, denn Umwelteinflüsse können die Struktur von Chromosomen «epigenetisch» verändern, sodass diese erworbenen Veränderungen an Nachkommen weitergegeben werden. Selbst für Fliegen sind Gene also nicht immer Schicksal.

So faszinierend diese Ergebnisse auch sind – über die menschliche Homosexualität konnten sie uns bisher nur wenig verraten. Bisexualität ist nicht Homosexualität – und eine Fliege kein Mensch. Gene beeinflussen zudem das Verhalten von Fliegen und Menschen nicht unmittelbar, sondern über den Bau von Körperstrukturen, die dem Verhalten zugrunde liegen, und sie erfüllen diese Aufgabe meist als komplexe, aus vielen Genen gewirkte Netzwerke. Wir haben zwar die Buchstabenfolgen aller 13 000 *Drosophila-melanogaster*-Gene entziffert, kennen aber erst wenige, die das Paarungsverhalten der Fliege mitprägen. Bei uns Menschen ist das Rätsel noch weit grösser, besitzen wir doch zweimal mehr Gene und eine Million Mal mehr Neuronen als *Drosophila*. Zudem können wir die Anweisungen unserer Gene viel freier interpretieren und unser Gehirn im Wechselspiel mit der Umwelt viel individueller prägen. Es wäre deshalb töricht und verantwortungslos, Bi- oder Homosexualität bei uns Menschen einfach als genetischen Imperativ abzutun – oder aber den Einfluss von Genen zu leugnen und die Ursache allein der Umwelt zuzuschreiben. Dass Gene menschliche Homosexualität mitbestimmen, steht ausser Zweifel, doch auch hormonelle Einflüsse während der embryonalen Entwicklung scheinen eine wichtige Rolle zu spielen. Und da der Hormonstoffwechsel einer werdenden Mutter – und damit auch der des Embryos –

auf Umwelteinflüsse anspricht, werden die molekularen Auslöser menschlicher Homosexualität wohl
noch lange im Dunkeln bleiben.

Der Pfad von den Genen zum Verhalten ist bei
uns Menschen verschlungener und wundersamer als
bei Tieren und führt oft zu unerwarteten Ergebnis-
sen. Wer wagte da zu behaupten, eines dieser Ergebnisse sei bei Tieren natürlich, bei uns Menschen
jedoch «Sünde wider die Natur»? Dieser Sünde
macht sich nur schuldig, wer uns nicht als Teil des
Lebensbaumes, sondern als einmaliges Wunder der
Schöpfung sieht. «Überall also liegen Vorbilder der
menschlichen Handlungsweisen, in denen das Tier
geübt wird; […] sie […] dennoch als Maschinen
betrachten [zu] wollen, ist eine Sünde wider die
Natur», so Johann Gottfried von Herder – vor mehr
als 200 Jahren.

DAS LEBEN EIN TRAUM

WARUM WIR NICHT SKLAVEN UNSERER GENE SIND

Umwelt und Lebensweise hinterlassen Spuren in unseren Genen. Bei der Befruchtung einer Eizelle werden die meisten dieser Spuren gelöscht, doch einige bleiben bestehen. Eigenschaften, die wir während unseres Lebens erwerben, können deshalb erblich sein.

Ist unser Leben Schicksal? Mythen und antike Tragödien haben diese Frage meist bejaht, und Jahrtausende später schien ihnen die moderne Biologie recht zu geben. Je mehr wir über die Rolle der Gene bei der Entwicklung von Lebewesen erfuhren, desto zwingender schien der Schluss, dass Gene unseren Körper, unsere Begabungen und unser Verhalten bereits vor der Geburt festlegen und bis zu unserem Tode bestimmen. Erben wir also unser Schicksal? Künstler und Philosophen haben sich gegen diese Vorstellung immer wieder aufgelehnt – so auch der spanische Dichter Pedro Calderón de la

Barca. Sein 1635 uraufgeführtes Versdrama *La vida es sueño* (*Das Leben ein Traum*) handelt vom polnischen Königssohn Sigismund, der seine von den Sternen vorausbestimmte Gewalttätigkeit aus eigener Kraft überwindet und zum weisen Herrscher reift.

Vor einigen Jahrzehnten begannen auch einige Biologen daran zu zweifeln, dass wir Sklaven unserer Gene sind. Warum sind eineiige Zwillinge, die derselben befruchteten Eizelle entstammen und somit die gleichen Gene besitzen, nicht völlig identisch? Warum leidet manchmal nur einer von ihnen an einer Krankheit? Und warum werden sie mit dem Alter immer verschiedener? Zunächst begnügte man sich mit der Erklärung, dass die Umwelt zwar nicht die Gene, wohl aber deren Auswirkungen verändern kann.

Diese Erklärung ist jedoch nur ein Teil der Wahrheit – und diese ist überraschend und erhebend zugleich: Unsere Gene sind keine unabänderlichen Gesetze, sondern können sich als Antwort auf die Umwelt oder unseren Lebenswandel verändern. Natürlich wussten wir schon lange, dass Umweltgifte, Radioaktivität, Viren oder Fehler bei der Zellteilung die Reihenfolge der vier chemischen «Buchstaben» in unseren Genen verändern und damit Mutationen bewirken. Solche Mutationen sind jedoch sehr selten und treffen ein Gen rein zufällig. Nun aber wissen wir, dass im Verlauf unseres Lebens manche Gene auch durch die chemische Markierung einzelner Buchstaben gehemmt oder abgeschaltet werden können und dass solche Markierungen manchmal sogar erblich sind. Das Markierungszeichen ist eine Methylgruppe: ein kleines Gebilde aus drei Wasserstoffatomen und einem Kohlenstoffatom, dem Chemiker die Formel CH_3 geben.

Wenn sich eine Methylgruppe an einen Genbuchstaben anheftet, lockt sie Proteine an, die den «methylierten» Genabschnitt umhüllen und damit hemmen oder ganz stilllegen. Im Gegensatz zu klassischen Mutationen verändert eine solche «epigenetische» Markierung also nicht die Reihenfolge, sondern nur den Charakter einzelner Genbuchstaben. Verwendet man für die vier verschiedenen Genbuchstaben die Alphabetbuchstaben a, b, c und h, dann würde in einer klassischen Mutation das Wort «bach» vielleicht zu «bbch», «bcch» oder «bhch»; in einer epigenetischen Veränderung hingegen zu «bäch». Teilt sich eine Zelle, kopiert sie die methylierten Buchstaben getreulich und gibt sie an die Gene der Tochterzellen weiter. Wir wissen noch nicht, wie diese Methylierungen ausgelöst und gesteuert werden, können sie jedoch durch eine geeignete Ernährung fördern oder durch ein bestimmtes Antibiotikum teilweise wieder rückgängig machen.

Die Gene einer befruchteten Eizelle sind weitgehend unmethyliert und daher jederzeit bereit, auf Befehl ihre volle Wirkung zu entfalten. Entwickeln sich dann aus dem befruchteten Ei verschiedene Zelltypen, methylieren diese ihre Gene nach einem internen Programm, um zu verhindern, dass Gene zur falschen Zeit oder am falschen Ort wirksam werden und die Entwicklung stören. Diese Methylierungen kommen selbst in einem erwachsenen Menschen nicht zur Ruhe, wobei sie dann aber nicht nur durch zellinterne Programme, sondern auch durch die Lebensgewohnheiten und die Umwelt bestimmt werden. Eine epigenetische Methylierung von DNS kann also sowohl durch innere als auch durch äussere Faktoren ausgelöst werden, wobei diese äusseren Faktoren bunt gemischt sind: Essgewohnheiten, Drogen, Wechselwirkung mit anderen Menschen – sie alle können ihre Methylspuren in unseren Genen hinterlassen. In einer normalen Körperzelle verlöschen diese Spuren mit dem Tod des Individuums. Auch in einer Ei- oder Samenzelle verschwinden die meisten von ihnen bei Reifung und Befruchtung; einige jedoch bleiben bestehen, sodass das befruchtete Ei manche Erinnerungen an das bewahrt, was war. So kann es Eigenschaften, welche die Eltern im Verlauf ihres Lebens erwarben, an das neue Lebewesen und dessen Nachkommen weitergeben. Der französische Biologe Jean-Baptiste Lamarck hatte bereits vor 200 Jahren vermutet, dass erworbene Eigenschaften erblich sein können, doch Charles Darwins Theorie der Evolution durch Auslese natürlicher Varianten drängte Lamarcks Idee bis vor Kurzem in den Hintergrund. Die grosse Pragmatikerin Natur kümmert sich jedoch nicht um Theorien und benützt beide Wege, um Lebewesen an ihre Umwelt anzupassen.

Wird eine Pflanze ultraviolettem Licht ausgesetzt, aktiviert sie Reparaturmechanismen, um Strahlenschäden an ihren Genen wieder auszubügeln. Diese Mechanismen arbeiten dann auch in Abwesenheit von Ultraviolettlicht weiter und bleiben sogar über mehrere Generationen hinweg in den Nachkommen aktiv – selbst wenn diese nie von ultraviolettem Licht bedroht waren. Die Pflanze vermittelt so ihre Erfahrung «epigenetisch» an die Nachkommen und wappnet sie für kommende Gefahren. Selbst komplexe Verhaltensmuster lassen sich auf diese Weise vererben: Rattenweibchen unterscheiden sich in der Zärtlichkeit, mit der sie ihre frisch geworfenen Jungen säugen. Zärtlich gesäugte Junge sind dann für den Rest ihres Lebens besonders unempfindlich gegenüber Stress, wobei es gleichgültig ist, ob sie von ihrer biologischen Mutter oder von einer Amme gesäugt wurden. Diese vermittelte Stressresistenz geht mit einer verminderten Methylierung von Genen einher, welche die Wirkung von Stresshormonen im Gehirn steuern. Löscht man Genmethylierungen in den Ratten durch Verabreichung eines bestimmten Medikaments, verschwinden die Unterschiede zwischen den zärtlich und weniger zärtlich gesäugten Ratten. Erhöhte Stressresistenz und Risikobereitschaft scheinen auch bei uns Menschen mit einer veränderten Methylierung gewisser Gene einherzugehen. Wahrscheinlich spielt auch hier die Beziehung zwischen Mutter und Kind eine wichtige Rolle.

Man sagt, jeder alte Mensch habe das Gesicht, das er verdient. Ähnliches gilt wohl auch für meine Gene. Sie erzählen nicht nur von den Jahrmilliarden des Lebens vor mir, sondern auch von den siebeneinhalb Jahrzehnten meines eigenen Lebens: von der Fürsorge meiner Eltern, der Wärme meiner eigenen Familie, den wissenschaftlichen Kämpfen, den Krankheiten und Enttäuschungen und vielleicht sogar von meinem Bemühen, die Kunst des Violinspiels zu meistern. Auch ich bin dafür verantwortlich, was aus meinen Genen wurde. Es beruhigt mich zu wissen, dass die Natur die meisten meiner Lebensspuren aus ihnen löschte, bevor ich sie meinen Kindern vererbte. So gewährte sie diesen die Freiheit des Neuanfangs.

Ein befruchtetes Ei gleicht einem eingestimmten Orchester, das lautlos auf den Einsatz des Dirigenten wartet. Alles ist noch Versprechen und die Partitur ein Traum, der seiner Erfüllung harrt. Diese Erfüllung bestimmt nicht nur der Dirigent, sondern auch das Umfeld, das die Spielweise der Musiker und den Musikgeschmack der Zeit geprägt hat. Wie viel mehr braucht es, um aus einem befruchteten Ei einen Menschen zu schaffen! Es braucht den Körper der Mutter, die elterliche Fürsorge nach der Geburt und den Einfluss unzähliger anderer Menschen.

«Ein Kind wird vom ganzen Dorf erzogen», weiss ein altes Sprichwort. Erst die Wechselwirkung mit anderen Menschen schenkt dem Kind Sprache, Gemeinschaftssinn und sittliche Verantwortung. Ein befruchtetes menschliches Ei ist ein Traum, der sich nur mithilfe vieler anderer erfüllt. Wer unsere Gene als «Bauplan eines Menschen» oder ein tiefgefrorenes befruchtetes menschliches Ei als «Menschen» sieht, verleugnet nicht nur die Erkenntnisse der Biologie, sondern auch den Genius unserer Spezies und beleidigt zudem mein Menschenbild. Wenn wir ins Leben treten, sind wir nicht Sklaven, sondern Traum unserer Gene. Hat Calderóns künstlerische Intuition dies geahnt, als er sein Versdrama schuf?

Das weite Land

Wie Gene und chemische Botenstoffe unser Verhalten beeinflussen

Unser Charakter wird entscheidend durch die chemische Zwiesprache der Nervenzellen unseres Gehirns geprägt. Dieses Gesprächsnetz ist so komplex, dass es jedem Menschen eine eigene Persönlichkeit schenkt.

Die Seele ist ein weites Land», befand der Schriftsteller und Arzt Arthur Schnitzler, der in seinen Novellen und Dramen Sigmund Freuds Ideen mit aus der Taufe hob. Dieses weite Land der Seele ist jedoch schwer zu fassen, denn Religion, Dichtung, Psychologie und Medizin ordnen ihm jeweils andere Breitengrade zu. Ist es verwegen, dieses Land auch mit dem Kompass der modernen Naturwissenschaft zu erforschen? Darf ein Molekularbiologe auf Seelensuche gehen?

Dieses Wagnis kann nur gelingen, wenn wir «Seele» enger als «Verhaltensmuster» oder «Charaktereigenschaft» definieren. Erst diese Einschränkung erlaubt die genauen und überprüfbaren Fragen, an denen Naturwissenschaft ihre Kraft entfaltet. Und in der Tat – diese Kraft gewährt uns bereits atemberaubende Einblicke in die chemischen Vorgänge, die unsere Persönlichkeit prägen.

Eindrückliches Beispiel dafür waren gesunde Versuchspersonen, die nach Einnahme des Parkinsonmedikaments Dopa (ein Kürzel für Dihydroxyphenylalanin) bei Glücksspielen risikofreudiger wurden. Dies betraf jedoch nur diejenigen von ihnen, die eine seltene Variante eines bestimmten Gens ererbt hatten, das die Übertragung von Signalen zwischen Nervenzellen steuert. Dieses Gen tritt in verschiedenen Formen auf, die leicht unterschiedlich wirken und so das Verhalten eines Menschen gezielt beeinflussen können.

Nervenzellen verständigen sich untereinander vorwiegend mithilfe chemischer Botenstoffe. Meist sind dies einfache kleine Moleküle wie das mit Dopa eng verwandte Dopamin, die Aminosäuren Glyzin und Glutamat oder die Aminosäureabkömmlinge γ-Aminobuttersäure und Serotonin. Sie werden von einer elektrisch angeregten Senderzelle ausgestossen, wandern zu einer Empfängerzelle, binden sich an spezifische Rezeptoren an deren Oberfläche und lösen so in der Empfängerzelle ein elektrisches Signal aus. All dies spielt sich in nur ein bis zwei Tausendstel einer Sekunde in einem hauchdünnen Spalt zwischen den birnenförmig aufgeblähten Enden der beiden Nervenzellen ab.

Die beiden Nervenenden und der sie trennende Spalt bilden zusammen eine «Synapse», die nach Übertragung des Signals wieder schleunigst vom Botenstoff gereinigt werden muss, um einen gefährlichen Dauerreiz der Empfängerzelle zu vermeiden. Wie diese Reinigung erfolgt, hängt vom Botenstoff und von den beteiligten Nervenzellen ab. Manche Nervenzellen warten einfach darauf, dass der Botenstoff durch Diffusion von selbst verschwindet. Für die meisten Zellen ist dieser Vorgang jedoch zu langsam, sodass sie ihn beschleunigen: Manche Senderzellen saugen den von ihnen ausgesandten Botenstoff wieder in sich zurück, während Empfängerzellen ihre Rezeptoren für ihn maskieren können. Rezeptoren und Rücksaugmaschinen sind Proteine; ihr Bauplan ist in den entsprechenden Genen niedergelegt. Die Entschlüsselung der chemischen Struktur unseres gesamten Erbmaterials offenbarte eine erstaunliche Vielfalt von Genen für Rezeptoren und Rücksaugproteine und damit auch von Synapsen, mit deren Hilfe unser Gehirn seiner noch weitgehend rätselhaften Arbeit nachgeht. Wir kennen mehrere Dutzend Botenstoffe und für fast jeden von ihnen eine Vielzahl verschiedener Rezeptor- und Rücksaugproteine, die auf den Botenstoff unterschiedlich ansprechen und einer Synapse ihren Stempel aufdrücken.

Vieles spricht dafür, dass dieses chemische Netzwerk unseren Charakter mitbestimmt. Der Botenstoff Dopamin lindert nicht nur die Leiden von Parkinsonkranken, sondern kann bei ihnen auch intensive Glücksgefühle, Aggression oder zwanghafte Spielsucht auslösen. Und die Genvariante, die mit Dopa behandelten Versuchspersonen erhöhten Wagemut verleiht, enthält den Bauplan für ein spezifisches Rezeptorprotein, über das Dopamin an einen Empfängernerv andockt. Diese Genvariante findet sich auch häufig in impulsiven, rastlosen oder aggressiven Menschen, die Mühe haben, sich über längere Zeit auf ein Thema zu konzentrieren oder sich in eine Gemeinschaft einzufügen. In unserer hoch organisierten Welt ist diese Genvariante meist von Nachteil, doch Nomaden scheint sie Vorteile zu verschaffen; vielleicht schenkt sie ihnen Wagemut und hilft ihnen so, neue Weide- und Jagdgründe zu erobern und Angreifer schneller und mutiger abzuwehren. Dafür spricht, dass diese Genvariante erst vor etwa 20 000 bis 40 000 Jahren entstand – also ungefähr zur Zeit, als moderne Menschen Afrika verliessen und nach Nordeuropa vordrangen – und sie sich seither in unserer Population behauptet hat. Neuere Untersuchungen haben gezeigt, dass ihre Träger ungewöhnlich bereitwillig sind, asoziale oder finanziell riskante Entscheidungen zu treffen. Könnte es sein, dass diese Genvariante an den periodischen Finanzkrisen unserer kapitalistischen Gesellschaft nicht ganz schuldlos ist?

Der Botenstoff Serotonin löst nicht nur, wie das Dopamin, Glücksgefühle aus, sondern beeinflusst auch das Sexualverhalten von Fliegen und Ratten: Verändert man in diesen den Serotoninstoffwechsel durch genetische Eingriffe oder Medikamente, so werden die Tiere homo- oder bisexuell. Und eine einzige Mutation in einem Rezeptorprotein für den Botenstoff Vasopressin kann ein monogames Wühlmausmännchen in einen unersättlichen Don Juan verwandeln.

Synapsen spielen fast überall dort eine Rolle, wo wir mit chemischen Mitteln psychische Krankheiten lindern oder unser Bewusstsein verändern wollen. Antipsychotische Medikamente dämpfen die Signalübertragung durch Dopamin, Serotonin und andere Botenstoffe; Lysergsäurediäthylamid – das berüchtigte LSD – löst Halluzinationen aus, weil es sich als eine Art «Superserotonin» hartnäckig an einen Serotoninrezeptor klammert und so die entsprechenden Empfängerzellen übermässig stark und anhaltend anregt. Und die Rauschdroge Kokain verhindert, dass Senderzellen das von ihnen ausgeschüttete Dopamin wieder in sich zurücksaugen. Als Folge davon häuft sich dieser glückspendende Botenstoff in der Synapse an, sodass Kokainkonsumenten die euphorisierende Wirkung der Droge bald nicht mehr missen wollen. Um sich gegen diesen Dopaminüberreiz zu wehren, verringern Empfängernerven die Zahl ihrer Dopaminrezeptoren. Sinkt dann bei Kokainentzug der Dopaminspiegel in der Synapse plötzlich ab, so kann diese nicht mehr normal arbeiten und verursacht die gefürchteten Entzugserscheinungen.

Mut, Glücksgefühl, sexuelle Vorliebe und Sozialverhalten sind zwar wichtige Teile dessen, was wir gemeinhin «Charakter» nennen, reichen aber bei Weitem nicht aus, um diesen erschöpfend zu beschreiben. Und ihre genetische Kontrolle ist bei uns Menschen viel subtiler und komplexer als bei einfachen Tieren. Sie unterliegt einem Netzwerk vieler Gene, in dem jedes Gen nur eine bescheidene Rolle spielt. Wir Menschen haben weder ein «Mutgen» noch ein «Monogamiegen», sondern viele Gene, die diese Verhaltensmuster subtil, aber statistisch signifikant beeinflussen. Und selbst diese Behauptung steht auf wackligen Beinen, da sie sich in den meisten Fällen nicht auf eindeutige genetische Beweise, sondern nur auf Korrelationen stützt. Dennoch besteht kein Zweifel daran, dass Synapsen die Fäden sind, aus denen die Natur den wundersamen Gobelin unseres Charakters wirkt. Dieser Gobelin verdankt seinen Farbenreichtum der Wechselwirkung verschiedener Rezeptor- und Rücksaugproteine in unseren Synapsen, über die ein und derselbe Botenstoff eine breite Palette verschiedener Reaktionen und Empfindungen auslösen kann. Da unser Gehirn etwa 100 Milliarden Neuronen besitzt und jedes von ihnen durch 1000 bis 10 000 Synapsen mit anderen Neuronen vernetzt ist, steigt die Zahl der möglichen Wechselwirkungen ins Unendliche. Die Balance zwischen den verschiedenen Fäden dieses unvorstellbar komplexen Netzwerks ist zum Teil erblich, kann aber auch durch Umwelteinflüsse verändert werden; sie ist deshalb für jeden Menschen auf dieser Erde – selbst für eineiige Zwillinge – einmalig. Sollte es uns je gelingen, alle Fäden dieses Netzwerks zu entwirren und ihre Verflechtung mit Computern darzustellen, so wird die Komplexität dieses Musters unsere Vorstellungskraft bei Weitem übersteigen. Das Land, von dem Schnitzler sprach, wird wohl auch für Biologen seine geheimnisvollen Weiten wahren.

Schöpfer Zufall

Wie chemische Zufallsprozesse dem Leben Vielfalt schenken

Fehler beim Kopieren des Erbguts und andere nicht vorhersagbare chemische Zufallsereignisse schaffen die Varianten, mit denen die Evolution spielen kann. Solche Zufälle können unser Wachstum und unsere Entwicklung langfristig prägen und sogar unser Verhalten mitbestimmen. Ohne sie wären wir alle noch Bakterien.

Unser Biologielehrer war ein romantischer Naturfreund, für den die lebendige Natur vollkommen war. Sein Credo lautete: «Das Leben ist immer im Gleichgewicht.» Wenn ich heute an ihn denke, erinnert er mich an den deutschen Archäologen und Kunsthistoriker Johann Joachim Winckelmann (1717–1768), für den Kunst und Philosophie der alten Griechen von «edler Einfalt und stiller Grösse» waren. Als dann aber im Jahre 1872 Friedrich Nietzsche das dionysisch Dunkle in der griechischen Kultur aufzeigte, hatten Charles Darwin und

Alfred Russel Wallace auch das Leben bereits seiner Idylle beraubt und als ein gnadenloses Schlachtfeld entlarvt. Das Leben ist mit seinem Umfeld nie im Gleichgewicht. Es ist so erfolgreich, weil es nie vollkommen ist.

Versucht eine Lebensform sich an ihr Umfeld anzupassen, verändert sie es – und muss sich erneut anpassen. Dieses nie endende Streben nach Anpassung zeugt die biologischen Varianten, aus denen die Evolution immer komplexeres Leben schafft. Die Schnelligkeit, mit der ihr dies gelingt, war lange ein Rätsel. Wie entstehen die Varianten, mit denen die Evolution spielt?

Die wichtigste Quelle sind Fehler beim Kopieren des Erbmaterials. Wenn sich Zellen vermehren, teilen sie sich in zwei Tochterzellen und kopieren dabei auch ihr Erbmaterial, um jeder Tochterzelle ein vollständiges Exemplar mitzugeben. DNS-Moleküle sind lange Fäden, in denen vier verschiedene chemische Buchstaben in wechselnder Reihenfolge aneinandergekettet sind. Diese Buchstabenfolge beschreibt das genetische Erbe des Lebewesens; jeder Kopierfehler kann somit eine erbliche Veränderung – eine Mutation – bewirken. Der Kopiervorgang ist für die Zelle eine gewaltige Herausforderung, enthält doch jede menschliche Körperzelle 6,4 Milliarden DNS-

Buchstaben, entsprechend einer 100 Meter langen Bücherreihe. Noch dazu ist jeder DNS-Strang mit einem Partnerstrang verdrillt, der die gleiche Information in spiegelbildlicher Form trägt.

Um einen DNS-Doppelstrang zu kopieren, «entdrillt» ihn die Kopiermaschine der Zelle, fertigt von jedem der beiden Einzelstränge eine spiegelbildliche Kopie an und sichert die Genauigkeit des Kopiervorgangs gleich dreifach: Zunächst holt sie sich aus dem Zellsaft den entsprechenden chemischen Buchstaben und prüft, ob er auch der richtige ist. Ist er es nicht, verwirft sie ihn und wiederholt die Suche. Hat sie dann den ausgewählten Buchstaben an die wachsende Kopie angeheftet, prüft sie ihn erneut – und wenn er sich als falsch erweist, trennt sie ihn wieder ab und beginnt von vorne. Hat sie auf diese Weise mehrere Buchstaben kopiert, vergewissert sie sich ein drittes Mal, dass diese der Vorlage entsprechen. Entdeckt sie einen falschen Buchstaben, schneidet sie ihn heraus und ersetzt ihn durch den richtigen. Nach dem ersten Prüfschritt ist immer noch jeder hunderttausendste Buchstabe falsch, nach den beiden weiteren Schritten nur mehr ein Buchstabe von 100 bis 200 Millionen. Bei 6,4 Milliarden Buchstaben schleichen sich dennoch Dutzende von Fehlern ein. Die meisten sind für die Tochterzelle ohne Folgen, doch einige verändern sie und verwandeln sie in eine biologische Variante.

Zellen könnten die Fehlerrate beim Kopieren ihres Erbguts noch weiter senken. Sie tun dies aber nicht, weil der Kopiervorgang dann zu langsam wäre, zu viel Energie erforderte und zu wenig neue biologische Varianten schüfe. Deshalb ist es für Zellen manchmal von Vorteil, die Fehlerquote beim Kopieren ihrer DNS sogar zu erhöhen. Wenn ein krankheitserregendes Bakterium in unseren Körper eindringt, muss es sich gegen unsere Antikörper und Fresszellen wehren, die seine Oberfläche als körperfremd erkennen und sich an diese heften. Bakterien haben deshalb gelernt, ihre Oberfläche schnell zu verändern: Ihre Gene für Oberflächenproteine verwirren die DNS-Kopiermaschine des Bakteriums, sodass diese mindestens zehnmal mehr Fehler macht als bei anderen Genen. Dies erhöht die Chance, dass sich unter den eindringenden Bakterien auch eine Mutante findet, deren Oberfläche das Immunsystem nicht als fremd erkennt. Dank dieser Tarnkappe überlebt die Mutante und sichert den Erfolg der Infektion. Der Erreger der afrikanischen Schlafkrankheit, das einzellige Tierchen *Trypanosoma brucei*, hat diese Tarnkappenstrategie zur hohen Kunst entwickelt: Es ändert seine Oberfläche ohne Unterlass, indem es bereits vorgefertigte Genstücke wie in einem Legospiel gegeneinander austauscht. Infiziert es uns, muss unser Immunsystem gegen eine stets wechselnde Oberfläche ankämpfen, wobei der Parasit unweigerlich einen Schritt voraus ist. Aber auch das Immunsystem weiss um die schöpferische Kraft des Zufalls. Es verfügt zwar nur über eine begrenzte Zahl von Genen, kann diese jedoch virtuos nach dem Zufallsprinzip neu aufmischen und, ähnlich pathogenen Bakterien, durch eine erhöhte Fehlerrate beim Kopiervorgang massiv verändern. So entlockt es diesen Genen ein praktisch unbegrenztes Arsenal verschiedener Immunproteine.

Schnell veränderliche «Anpassungsgene» lassen sich deshalb nicht genau kopieren, weil sie mehrmals wiederholte Buchstabenfolgen enthalten, welche die DNS-Kopiermaschine zum Stottern bringen. Stotternd gefertigte Genkopien sind dann entweder inaktiv oder, falls die Vorlage inaktiv war, reaktiviert. Auf diese Weise können in erstaunlich kurzer Zeit neue Lebensformen entstehen: Die systematische Hundezüchtung schuf in nur 150 Jahren eine grosse Vielfalt von Hunderassen, wobei viele der auffälligsten Merkmale wie Schnauzen- oder Pfotenform mit Veränderungen in «Anpassungsgenen» einhergehen. Solche Gene könnten auch erklären, weshalb im Verlauf der Erdgeschichte neue Lebensformen oft explosionsartig auftraten.

Kopierfehler und Austausch von Genstücken sind jedoch nicht die einzigen Werkzeuge, mit denen das Leben Vielfalt schafft. Es benützt auch den Zufall, der chemische Reaktionen zwischen einer kleinen Zahl von Molekülen bestimmt. Viele Schlüsselmoleküle – wie Gene oder Proteine, die Gene lesen – sind in einer Zelle in so geringer Stückzahl vorhanden, dass ihre chemischen Reaktionen nicht mehr den statistischen Gesetzen der klassischen Chemie, sondern dem Zufall gehorchen. Anstatt vorhersagbarer und graduell abgestufter Resultate gibt es dann nur noch zufällige und nicht vorhersagbare Ja-Nein-Entscheide: Das Molekül reagiert – oder es reagiert nicht. Werden solche «binären» Zufallsentscheide lawinenartig verstärkt, können sie irreversibel werden und die Entwicklung oder das Verhalten eines Lebewesens langfristig prägen. Ein Beispiel dafür wäre eine Balkenwaage, deren Waagschalen durch zwei mit einem Schlauch verbundene Wasserflaschen ersetzt sind. Solange diese Flaschen gleich viel Wasser enthalten, sind sie im Gleichgewicht. Hebt jedoch ein zufälliger Windstoss eine der beiden Flaschen kurzfristig leicht hoch, gibt sie sofort Wasser an die andere ab, worauf diese immer schneller – und schliesslich unwiderruflich – absinkt. Die winzige Zufallsschwankung hat ein stabiles Ungleichgewicht geschaffen.

Zellen haben verschiedene Strategien entwickelt, um chemische Zufallsschwankungen zu verstärken und zu fixieren. Bakterien stellen damit sicher, dass die Mitglieder einer hungernden Kolonie nicht gleichzeitig, sondern verzögert und in zufälliger Reihenfolge sterben, wobei die toten Zellen den noch lebenden als Nahrung dienen. So erhöht sich die Chance, dass einige Zellen überleben, wenn plötzlich wieder Nahrung verfügbar wird. Aus ähnlichen Gründen sind genetisch identische Flachwürmer, die unter genau gleichen Bedingungen aufwuchsen, nicht identisch: Sie reagieren verschieden auf Umweltreize oder Gifte und leben auch verschieden lange. Fixierte Zufallsentscheide können somit zu unterschiedlichen Erscheinungsformen eines Lebewesens führen, selbst wenn Gene und Umwelt gleich bleiben.

Zufallsentscheide spielen auch bei der Entwicklung höherer Tiere eine Rolle. Die Nase einer Maus ist mit etwa tausend verschiedenen Duftsensoren bestückt, wobei jede geruchsempfindliche Nervenzelle nur einen einzigen Sensortyp trägt. Hätte sie deren mehrere, würde sie das Gehirn mit widersprüchlichen Geruchsmeldungen verwirren. Bei ihrer Entwicklung wählt jede Zelle einen der Duft-sensoren rein zufällig aus und unterdrückt dann die Bildung aller anderen. So muss die Zelle nicht jedes Sensorgen eigens steuern. Ähnliches gilt für die Rot- und Grünsensoren unserer Netzhaut: Die farbemp-findlichen Zapfen entscheiden sich bei ihrer Ent-wicklung zufällig entweder für den Rot- oder den Grünsensor und unterdrücken dann die Bildung des anderen Sensors.

Zufällige und nicht vorhersagbare chemische Reaktionen einiger Schlüsselmoleküle können somit die Erscheinung und das Verhalten eines Lebewesens beeinflussen. Um dieses molekulare Rauschen im Griff zu behalten, setzen Zellen molekulare Rausch-filter ein. Dank diesen verläuft die Entwicklung eines Lebewesens meist höchst präzise. Gelegentlich ist es für Zellen jedoch von Vorteil, ihr molekulares Rau-schen nicht zu dämpfen, sondern zu verstärken. In seinem Streben nach Vielfalt scheut das Leben keine Möglichkeit, um Erbinformation auf verschiedene Weise zu interpretieren.

Zufälle und Fehler sind Quellen des Neuen; wer sie rigoros unterdrückt, wird wenig Neues schaf-fen. Dies gilt auch für menschliche Gemeinschaften, in denen nackte Gewalt, starre Dogmen und Tabus oder Political Correctness das Denken knebeln. Für den grossen Schweizer Geschichtsforscher Jacob Burckhardt war Tyrannei die Verneinung von Komplexität. Die lebendige Natur gibt ihm hier recht: hätte sie Zufälle und Fehler gescheut, wären wir alle noch Bakterien.

SPRACHWERDUNG

WIE WISSENSCHAFTLER DER GEBURT MENSCHLICHER SPRACHE NACHSPÜREN

Unsere Sprachen dürften sich aus Gebärden entwickelt haben, die schliesslich das Gesicht und den Rachen mit einbezogen. Ein Gen, das Lautbildung und Gesichtsmuskeln kontrolliert, wandelte sich bei der Entwicklung des modernen Menschen zu einer Form, die wahrscheinlich die Fähigkeit zur Sprache und damit den biologischen Erfolg unserer Spezies förderte.

Nichts adelt uns Menschen mehr als die Sprache. Sie fehlt selbst unserem nächsten biologischen Verwandten, dem Schimpansen, dessen Laute grösstenteils stereotyp und angeboren sind. Manche Singvögel lernen zwar ihren Gesang von den Eltern und können ihn sogar individuell gestalten, doch nichts spricht dafür, dass sie mit ihm komplexe oder gar abstrakte Gedanken vermitteln. Auf unserem Weg zur Menschwerdung war Sprache der bisher letzte und grossartigste Höhepunkt.

Doch wie begannen wir zu sprechen? Lange schien es unmöglich, diese Frage zu beantworten, da Sprachen meist vor Jahrtausenden entstanden und keine versteinerten Fossilien hinterliessen. Viele Forscher vermuten seit Langem, dass Sprache ein Kind der Gestik ist, die mit Arm- und Handzeichen begann, dann das Gesicht mit einbezog und schliesslich Gesichtsausdrücke durch Mund- und Kehlkopflaute «verinnerlichte». Diese Vermutung wird nun durch Beobachtungen gestützt, die unterschiedlicher nicht sein könnten und eindrücklich die Einheit aller Wissenschaft bezeugen.

Einer dieser Hinweise kam aus einem Beduinendorf in der Negevwüste Israels. Fast alle der etwa 3500 Dorfbewohner entstammen einer einheimischen Al-Sayyid-Beduinin und einem ägyptischen Zuwanderer, die vor etwa 200 Jahren die Dorfgemeinschaft gründeten und ihr eine Erbanlage für Gehörlosigkeit bescherten. Da Inzucht im Dorf die Regel war, gab es nach etwa vier Generationen bereits viele Gehörlose. Heute, nach drei weiteren Generationen, sind etwa 150 Dorfbewohner gehörlos und verständigen sich nicht nur untereinander, sondern auch mit ihren normalen Dorfgenossen in einer Gebärdensprache, die jeder im Dorf beherrscht und Gehörlose zu vollwertigen Mitgliedern der Gemeinschaft macht. Diese «Al-Sayyid-Gebärdensprache» entstand also vor etwa 70 Jahren und entwickelte im Verlauf von nur einer Generation einen reichen Wortschatz und eine eigene Grammatik, die sich von der Grammatik der in Israel gelehrten Gebärdensprache und der Regionalsprachen Arabisch und Hebräisch unterscheidet. Da aber für Menschen Sprache nicht nur Werk-, sondern auch Spielzeug ist, verändern die Dorfbewohner ihre Gebärdensprache ohne Unterlass, wobei vor allem Kinder als treibende Kraft wirken. Jede der drei noch lebenden Generationen «spricht» die Gebärdensprache also leicht anders – und die jüngste Generation spricht sie doppelt so schnell wie die älteste und verwendet auch komplexere Sätze. Die Geburt und die Entwicklungsstufen dieser jungen Sprache sind also wie in einer freiliegenden geologischen Verwerfung klar erkennbar.

Ein normal intelligentes Menschenkind erlernt mühelos selbst mehrere Sprachen. Und wenn einem gehörlosen Kind Lehrmeister fehlen, erfindet es seine eigene Gebärdensprache, um sich anderen mitzuteilen. Diese individuellen Gebärdensprachen sind jedoch nicht entwicklungsfähig, da ihnen die Einbettung in eine «gleichsprachige» Gemeinschaft fehlt. Als jedoch Nicaragua nach der Revolution von 1979

Hunderte von gehörlosen Kindern zum ersten Mal in eigenen Schulen zusammenführte, erfanden die Kinder in nur wenigen Jahren ihre eigene Gebärdensprache – die «Nicaragua-Gebärdensprache». Sie entwickelte sich ohne Zutun der Lehrer gewissermassen aus dem Nichts und gewann laufend an Komplexität, weil die Kinder sie von ihren älteren Kameraden lernten und dann auch später untereinander verwendeten. Lokale Gebärdensprachen haben sich in mehreren isolierten afrikanischen und asiatischen Dörfern entwickelt, in denen Gehörlosigkeit endemisch war. Sie sind Fenster, durch die wir die Geburt einer Sprache erspähen können.

Welche Gene steuern eine solche Geburt – und wie haben sie sich während der Entwicklung des modernen Menschen verändert? Erste Antworten lieferten Untersuchungen an einer britischen Pakistani-Familie, in der jedes zweite Mitglied grosse Mühe hat, verständlich zu sprechen, Gesprochenes zu verstehen oder nachzuahmen und den Gesichtsausdruck zu kontrollieren. Der Erbgang dieser Krankheit sprach dafür, dass sie den Ausfall eines einzigen Gens widerspiegelte. Forscher spürten dieses Gen auf und tauften es «FOXP2». Obwohl jede Körperzelle von ihm zwei Kopien besitzt, genügt der Ausfall von nur einer, um die Krankheit auszulösen.

Das Gen koordiniert die Aktivität von Hunderten, vielleicht sogar von Tausenden anderer Gene und sichert so die geordnete Entwicklung komplexer Lebewesen. Es findet sich in fast identischer Form auch in Affen und Mäusen, hat sich also im Verlauf von vielen Hundert Millionen Jahren nur sehr wenig verändert. Doch nachdem vor etwa 6 bis 7 Millionen Jahren in Afrika unsere ersten menschenähnlichen Vorfahren auftraten, veränderte sich deren FOXP2-Gen an zwei wichtigen Stellen und gewann so wahrscheinlich zusätzliche Funktionen. Vor einer halben Million Jahren war diese neue Genvariante bereits fester Bestandteil des Erbgutes aller modernen Menschen. Könnte es sein, dass diese ihren beispiellosen Erfolg auch ihrem veränderten FOXP2-Gen und der von ihm geförderten Entwicklung einer komplexen Sprache verdanken? Das Gen ist besonders in den Hirnregionen aktiv, die Sprache, Grammatik, Kontrolle der Gesichts- und Mundmuskeln und die Fähigkeit zu Nachahmung betreuen. Es ist für die Entwicklung des Sprechens zwar unerlässlich, aber dennoch kein spezifisches «Sprachgen», da es auch für die Entwicklung von Lunge, Darm oder Herz wichtig ist. Wahrscheinlich ist es nur eines von vielen Genen, die uns die anatomischen und neurologischen Voraussetzungen für Sprechfähigkeit und

Sprache schenken. Leider wissen wir noch nicht, ob es auch für die spontane Entwicklung oder Beherrschung einer Gebärdensprache notwendig ist. Weitere Untersuchungen zur Rolle dieses Gens und zur Entwicklung neuer Gebärdensprachen versprechen uns faszinierende Einblicke in das Werden menschlicher Sprache.

Ich fühle das Wunder dieses Werdens, wenn ich meinem kleinen Enkel das Wort «Opa» vorspreche, er mit höchster Anspannung zuhört – und dann mit einem Babygurgeln antwortet, das jede Woche mehr wie «Opa» klingt. Wann wird er wohl den ersten Kinderreim nachsprechen? Diese Momente zeigen mir ebenso eindrücklich wie die spontane Entwicklung einer Gebärdensprache in den Sonderschulen Nicaraguas, wie wichtig menschliche Gemeinschaft für die Entwicklung einer differenzierten Sprache ist. Eine solche Sprache ist aber auch Voraussetzung für jede dauerhafte menschliche Gemeinschaft, weil sie uns abstrakt denken und Wissen und Wertvorstellungen an nachfolgende Generationen weitergeben lässt. So gesehen sind selbst die Werke unserer Dichter und Philosophen letztlich Gemeinschaftswerke. Das komplexe Band, das mich mit meinem Enkel im Drang nach Sprache und Gemeinsamkeit vereint, ist aus den Fäden unserer

Gene gewirkt. FOXP2 ist nur eines von vielen. Wenn wir einmal alle diese Gene kennen, werden wir vor der grossen Frage stehen, wie dieser Drang in ihnen verschlüsselt ist.

Bedrohtes Erbe

Wie unbeständige Datenspeicher unsere Kultur gefährden

Das Wissen der Menschheit verdoppelt sich in immer kürzeren Abständen, lässt sich aber dennoch mühelos digital speichern, analysieren und verbreiten. Unbeständigkeit und rasant steigender Energiehunger digitaler Datenspeicher sowie Anfälligkeit digitaler Daten gegenüber zufälliger oder absichtlicher Verfälschung werden jedoch zu einer immer akuteren Bedrohung.

This is a present from a small, distant world, a token of our sounds, our science, our images, our music, our thoughts and our feelings. We are attempting to survive our time, so we may live into yours.» – «Dies ist ein Geschenk einer kleinen und fernen Welt, ein Zeugnis unserer Klänge und Geräusche, unserer Wissenschaft, unserer Bilder, unserer Musik, unserer Gedanken und unserer Gefühle. Wir versuchen, unsere Zeit zu überdauern, um in der euren fortzuleben.» Diese bewegende Botschaft, in englischer Sprache in eine vergoldete Kupferscheibe geritzt, trug die Raumsonde Voyager 1 mit sich ins All, als sie am 5. September 1977 die Erde verliess. Sie sollte den äussersten Rand unseres Sonnensystems erkunden und sich dann auf einer Reise ohne Wiederkehr in den Tiefen des Universums verlieren. Vielleicht würde sie nach Jahrmillionen lichtloser Einsamkeit dem Schwerelockruf einer planetenumringten fernen Sonne folgen und intelligenten Wesen von uns künden. Die vergoldete Scheibe könnte im Weltraum einige Hundert Millionen Jahre überdauern. Sie trägt eine Datenspur mit 115 Bildern sowie Klang-, Musik- und Sprachproben, zeigt den Abstand unserer Erde vom Zentrum unserer Milchstrasse sowie von 14 weit sichtbaren pulsierenden Sternen und enthält eine Hülle mit Anweisungen, wie die Botschaften der Platte zu entziffern sind. Dass dies je geschieht, ist höchst unwahrscheinlich – und dennoch ist diese kleine Scheibe eines der erhebendsten Werke von Menschenhand.

Dem Genius unserer Spezies wird sie allerdings kaum gerecht: Ungezählte Scheiben wären nötig, um unser gesamtes geistiges Erbe aufzuzeichnen. Demetrius von Phaleron hat dies im dritten Jahrhundert vor unserer Zeitrechnung im Auftrag des ägyptischen Königs Ptolemäus I. versucht, als er in Alexandrien einen gewaltigen wissenschaftlichen Bibliothekskomplex gründete. Doch obwohl dieses «Mouseion» zuletzt eine halbe Million Papyri beherbergte, konnte es – mit wenigen Ausnahmen – nur Werke in griechischer Sprache berücksichtigen. Und die unersetzlichen Verluste, die es in mehreren Grossbränden erlitt, erinnern noch heute daran, wie schwer sich geistiges Erbe sichern lässt. Heute, wo sich dieses Erbe gewaltig vermehrt hat, ist dies noch um vieles schwieriger. Vor allem naturwissenschaftlich-technologische Informationen begannen um die Mitte des 18. Jahrhunderts exponentiell, ab der zweiten Hälfte des 20. Jahrhunderts sogar hyperbolisch anzuwachsen und würden um die Mitte dieses Jahrhunderts ins Unendliche explodieren, müsste nicht ihr Anwachsen, wie jedes nicht lineare Wachstum, schon vorher an seine Grenzen stossen und sich verlangsamen.

Die digitale Revolution lässt uns mit dieser steigenden Informationsflut scheinbar mühelos Schritt halten und gigantische Datenmengen blitzschnell speichern, verbreiten, ordnen und untersuchen. Die Zahl der Transistoren in den Gehirnen unserer Computer hat sich in den letzten vier Jahrzehnten alle 18 Monate verdoppelt, und dieser exponentielle Anstieg dürfte sich noch jahrzehntelang fortsetzen. Ähnliches gilt für das Fassungsvermögen elektronischer Speicher, die heute auf wenigen Quadratzentimetern ganzen Bibliotheken Platz bieten. Und obwohl elektronische Gehirne und Speicher sich derzeit ihren physikalischen Grenzen nähern, werden sich diese mit neuen Erfindungen überwinden lassen. Licht anstatt Elektrizität, einzelne Moleküle anstatt Transistoren oder genau positionierte einzelne Atome anstatt optisch oder magnetisch markierter Flächen sind nicht mehr Träume, sondern bereits weit fortgeschrittene Forschungsprojekte. Dank immer leistungsfähigeren digitalen Werkzeugen werden wir die unaufhörlich anschwellende Informationsflut auch in Zukunft beherrschen können.

Damit sind diese Informationen jedoch keineswegs gesichert, denn die heutigen digitalen Speicher sind nicht beständig. Magnetbänder, Festplatten und optische Medien können je nach Hersteller, Lagerung und Anwendung schon nach einigen Monaten oder Jahren einen Teil ihrer mechanischen Festigkeit, ihrer Magnetisierung oder ihrer optischen Markierungen verlieren, sodass sie die ihnen anvertrauten Informationen nur selten länger als einige Jahrzehnte sicher bewahren. Das *Domesday Book*, ein 1085 von Wilhelm dem Eroberer in Auftrag gegebenes Reichsgrundbuch, kann in seiner sorgfältig klimatisierten Museumsvitrine in Kew noch heute bewundert werden, doch seine digitalisierte Version aus dem Jahre 1986 überdauerte nur zwei Jahrzehnte.

Bedrucktes säurefreies Papier oder herkömmliche Mikrofilme können zwar Jahrhunderten trotzen, sind jedoch für die Speicherung, Übertragung und Analyse digitaler Informationen wenig geeignet. Auf der Suche nach beständigen Speichern versucht man derzeit, analoge oder digitale Daten mit einem feinen Strahl elektrisch geladener Atome auf hoch beständige Metalloberflächen zu ätzen, als winzige Eisenkristalle in ebenso winzigen Röhrchen aus reinem Kohlenstoff zu fixieren oder in Form geordneter Silberkörner auf neuartigen Mikrofilmen zu speichern. Doch bis diese Technologien ausgereift sind, müssen wir unsere gespeicherten Informationen unablässig durch Umkopieren «auffrischen» – und so gleichsam von einem sinkenden Schiff auf ein anderes umladen, das ebenfalls bald sinken wird. Doch selbst beständige Speicher würden Informationen nicht langfristig sichern, da zukünftige Computer sie nicht mehr lesen könnten. Schon heute wissen unsere Computer mit zehn bis zwanzig Jahre alten Datenträgern nichts mehr anzufangen. Sollen wir gespeicherte Daten laufend in die neuesten Formate

umschreiben, jeweils in das für sie gültige Betriebs-
und Leseprogramm «verpacken» oder gar Archive
alter Computer, Lesegeräte und Betriebssysteme
anlegen? Und welche Bibliothek könnte sich dies
wohl leisten?

Auch der wachsende Energiehunger unserer
Speichersysteme gibt Anlass zur Sorge. Das Ausmass
dieses Problems ist noch umstritten, denn die Betrei-
ber grosser Datenspeicher halten Typ und Energie-
verbrauch ihrer Geräte streng geheim. In den USA
verbrauchen solche Speicher mit Kühlung und
Beleuchtung heute wahrscheinlich etwa 1 Prozent
der gesamten Elektrizität, und Computer, Bild-
schirme sowie das Internet dürften diesen Anteil auf
das Mehrfache erhöhen. Vielleicht ist dies nur ein
Anfang – schliesslich beansprucht unser Gehirn nicht
weniger als ein Fünftel unserer Körperenergie. Allerdings liefert es sich diese selbst und atmet deshalb
intensiver als andere Gewebe unseres Körpers.

Beunruhigend ist schliesslich auch die Verletzlichkeit digital gespeicherten Wissens gegenüber
zufälliger oder absichtlicher Verfälschung. Digitale
Daten lassen sich spielend leicht abändern, ohne dass
diese Änderungen Spuren hinterlassen. Ein Foto
beweist heute gar nichts mehr, da es sich beliebig
digital manipulieren lässt. In seiner bedrückenden

Zukunftsvision *1984* beschrieb George Orwell ein totalitäres Regime, das Berichte über gegenwärtige und vergangene Geschehnisse konsequent so fälscht, dass diese Fälschungen später nicht mehr nachweisbar sind. Ich begrüsse die Bemühungen der Europäischen Gemeinschaft, unser kulturelles Erbe so vollständig wie möglich zu digitalisieren, sorge mich aber auch um die Verletzlichkeit dieser Daten. Die zynische Frage des Pilatus, «Was ist Wahrheit?», ist in der digitalen Welt allgegenwärtig.

Information bereichert uns jedoch nur, wenn wir sie zu Wissen veredeln und dieses an kommende Generationen weitergeben. Um die Zukunft unserer Kultur zu sichern, genügt es also nicht, zukunftssichere Speicher zu entwickeln. Es gilt vor allem, immer wieder schöpferische Menschen zu suchen und zu fördern, die das Gemeinsame scheinbar zusammenhangloser Informationen intuitiv erkennen und so neues Wissen schaffen oder überliefertes Wissen als falsch erkennen. Dank ihnen schlummert gespeichertes Wissen nie friedlich, sondern entwickelt sich unablässig nach Gesetzen, die sich unserem Einfluss entziehen.

Wohin wird dieses Wissen uns noch führen? Was Jean-Paul Sartre über den Krieg sagte, gilt auch für Wissen: Nicht wir erschaffen Wissen – Wissen erschafft uns. Könnte dies der Grund sein, weshalb heute eine vergoldete Scheibe in 16 Milliarden Kilometer Ferne durch die Weiten des Universums zieht?

Die lange Sicht

Warum Unwissen unsere Energiezukunft bedroht

Elektrizität ist für unsere Technologie die wichtigste und vielseitigste Energieform. Um sie nachhaltig und in genügender Menge bereitzustellen, fehlt uns jedoch das nötige Wissen. Nur langfristige Grundlagenforschung kann dieses Wissen schaffen und damit unsere Energiezukunft sichern.

Im Jahre 1850 zeigte der englische Physiker Michael Faraday dem Schatzkanzler seines Landes, wie die Bewegung eines Magneten durch eine Drahtspule elektrischen Strom erzeugt. Auf die skeptische Frage des Staatsmannes, wozu dies gut sei, antwortete Faraday: «Eines Tages, Sir, werden Sie es besteuern können.» Obwohl Faraday die zukünftige Bedeutung dieser neuartigen Energieform voraussah, ahnte er wohl nicht, dass ihre Bereitstellung einmal hitzige politische Debatten auslösen und die Gesellschaft vieler Staaten in unversöhnliche Lager spalten sollte.

Energie ist die Fähigkeit, Arbeit zu leisten. Ohne sie verliert jedes dynamische System seine Ordnung – sei dies ein Kinderzimmer, eine lebende Zelle oder ein moderner Staat. Energie ist deshalb ein Grundpfeiler von Zivilisation und Kultur. Sie lässt sich nicht neu schaffen, sondern nur von einer Form in eine andere umwandeln. Der gebräuchliche Ausdruck «Energiegewinnung» bedeutet also in Wahrheit Energieumwandlung. Etwa 80 Prozent der weltweit erzeugten Elektrizität entstammen der Verbrennung von fossilen Ressourcen. Erdöl und Erdgas werden zwar in einigen Jahrzehnten erschöpft sein, doch die bekannten Kohle- und Ölschieferlager würden noch für einige Jahrhunderte reichen. Dennoch wäre es töricht, wie bisher weiterzufahren: Der weltweite Elektrizitätsbedarf dürfte sich bis zum Jahre 2050 mindestens verdoppeln und würde damit eine gewaltige Zerstörung der Umwelt heraufbeschwören. Vor allem gilt dies für das Verbrennungsprodukt Kohlendioxid, das sich in der Atmosphäre anreichert und als «Treibhausgas» wirkt.

Der Erdboden verwandelt Sonnenlicht in langwellige Wärmestrahlen, die in den Weltraum zurückstrahlen würden – wenn unsere Atmosphäre kein Kohlendioxid enthielte. Dieses verschluckt sie jedoch und erwärmt so die Atmosphäre. Die meisten Klimaforscher sind sich heute einig, dass Kohlendioxid, das bei der Verbrennung von Fossilbrennstoffen frei wird, die gegenwärtige Klimaerwärmung bewirkt.

Welche Kraft soll in Zukunft die Magneten und Drahtspulen unserer Dynamos gegeneinander bewegen, um uns mit elektrischem Strom zu versorgen? Sicher nicht die Verbrennung fossiler Ressourcen, die unseren Planeten mit Kohlendioxid und Erdölkriegen belastet. Wohl auch nicht die herkömmliche Kernspaltung, selbst wenn wir mittelfristig auf sie noch nicht verzichten können. Wasserenergie ist – zumindest in der Schweiz – bereits weitgehend ausgeschöpft, Strom aus Solaranlagen noch zu teuer, grossflächiger Einsatz von Erdwärme geologisch riskant und Windturbinen wegen der dichten Besiedelung des Landes nur beschränkt einsetzbar. Wollen wir die Verwüstung unserer Welt verhindern, müssen wir unseren Stromhunger mit neuartigen Technologien stillen, die weder begrenzte Ressourcen vernichten noch die Atmosphäre mit Kohlendioxid verschmutzen.

Jede Technologie der Energieumwandlung – sei sie noch so «grün» – belastet die Umwelt, und keine kann für sich allein den weltweiten Strombedarf mittelfristig decken. Doch auf welche Technologiemischung sollen wir setzen? Die Debatte zu diesem Thema ist längst zu einem Religionskrieg verkommen und konzentriert sich fast ausschliesslich auf bereits bekannte Technologien wie Windräder, Wasserkraft, Sonnenkollektoren – und «Bioenergie». Die klassische Form der «Bioenergie» erzeugt aus Kohlendioxid, Wasser und Sonnenlicht pflanzliche «Biomasse» und verwandelt diese in «Biogas» oder Treibstoffe wie Alkohol oder «Biodiesel». Das land- und sonnenreiche Brasilien hat bewiesen, dass dies mit schnell wachsendem Zuckerrohr kostengünstig möglich ist, wenn der Zucker mit Hefe zu Alkohol vergoren wird. Brasilien verwendet dafür ein Zehntel seiner Anbaufläche und hat erreicht, dass sein «Bioalkohol» ohne staatliche Subvention mit Benzin wetteifern kann und so die Abhängigkeit des Landes von ausländischem Erdöl drastisch senkt. In den kühleren USA ist das wichtigste Ausgangsprodukt für Bioalkohol die in Maiskörnern gespeicherte Stärke, die Traubenzucker in Form leicht vergärbarer Ketten enthält. Europa setzt vorwiegend auf Biodiesel aus ölhaltigen Kulturpflanzen. Solche Biotreibstoffe werden als umweltfreundliche Lösung angepriesen, da sie aus erneuerbaren Rohstoffen stammen und bei ihrer Verbrennung gleich viel Kohlendioxid freisetzen, wie es die Pflanzen der Atmosphäre ursprünglich entnommen hatten.

Diese Technologie ist jedoch keineswegs so «grün», wie man sie oft schildert. Pflanzen wollen nicht Energie horten, sondern möglichst robust sein und selbst unter extremen Bedingungen überleben. Sie speichern deshalb meist nur weniger als ein Prozent des einfallenden Sonnenlichts als Biomasse. Zuckerrohr ist einer der effizientesten Lichtverwerter, die wir kennen, und dennoch liefert eine Zuckerrohrplantage selbst unter besten Bedingungen jährlich weniger als einen Liter Alkohol pro Quadratmeter. In kühleren und weniger besonnten Regionen wie der Schweiz wäre die Ausbeute noch viel geringer. Der intensive Anbau von Kulturpflanzen erfordert zudem gewaltige Wassermengen, verseucht das Grundwasser mit Pestiziden und erhöht die Bodenerosion, welche langfristig die Umwelt ebenso bedroht wie eine Klimaerwärmung. Und schliesslich setzen die unerlässlichen Düngerstoffe stickstoffhaltige Treibhausgase frei, die den Gewinn einer Kohlendioxideinsparung teilweise zunichtemachen.

Diese Nachteile mögen für die Deckung unseres Nahrungsbedarfs vertretbar sein, machen jedoch Biotreibstoff aus pflanzlicher Nahrung zu einem ökologisch und ethisch verwerflichen Produkt. Viel besser wäre es, Baumstämme, Halme oder Kleinholz zu Alkohol zu vergären. Diese Pflanzenteile enthalten Zucker jedoch in Form von Zellulose, die vor der Vergärung erst unter grossem Zeit- und Energieaufwand mit heisser Säure oder überhitztem Wasserdampf zerlegt werden muss. Genetisch veränderte Kulturpflanzen, die nach der Fruchtreife die Zellulose ihrer Halme selber abbauen, könnten dieses Problem lösen, wären im heutigen Europa aber politisch untragbar.

Obwohl Bioenergie derzeit nur einen bescheidenen Beitrag zur weltweiten Elektrizitätsversorgung leistet, müssen wir sie mit hoher Dringlichkeit weiterentwickeln. Grösste Hoffnungsträger sind derzeit ein- oder vielzellige Algen, die Sonnenlicht viel wirksamer als herkömmliche Kulturpflanzen verwerten, viel schneller als diese wachsen und den Boden kaum belasten, weil sie sich in grossen Teichen oder Bioreaktoren züchten lassen. Ihre Biomasse könnte nach Vergärung oder Vergasung zukünftig Dampfturbinen und über sie dann Dynamos antreiben und uns so nachhaltig mit elektrischer Energie versorgen. Um jedoch diese und andere Zukunftsträume zu erfüllen, braucht es langfristige Grundlagenforschung. Unser Unwissen über Umwandlung, Speicherung und Transport von Energie ist nämlich viel grösser, als man allgemein annimmt. Um elektrischen Strom ohne grosse Verluste zu

übertragen, in Licht zu verwandeln oder über Solarzellen direkt aus Sonnenlicht zu gewinnen, müssen
wir mehr darüber wissen, wie feste Materie mit Elektrizität und Licht zusammenspielt. Um grosse Mengen elektrischer Energie zu speichern, müssen wir
besser verstehen, wie Sauerstoff und andere Elemente mit Elektroden reagieren. Um mithilfe von
Sonnenlicht Wasserstoffgas aus Wasser auf rein che-
mischem Wege herzustellen, fehlen uns wirksame
Katalysatoren – und um diese gezielt zu entwickeln,
müssen wir mehr darüber wissen, wie Katalysatoren
grundsätzlich wirken. Um gar die gewaltigen Energiemengen aus verschmelzenden Atomkernen zu
zähmen, müssen wir noch eine Unzahl von Proble-
men lösen, deren wir uns zum Teil wohl noch gar
nicht bewusst sind. Und schliesslich werden wir die
weltweite Energieversorgung nur dann in den Griff
bekommen, wenn wir neuartige mathematische
Ansätze entwickeln, um die fast unvorstellbare Komplexität grossflächiger Stromnetze zu verstehen und
zu beherrschen.

In unserer kurzfristig denkenden Zeit braucht
es Weisheit und Mut, um die lange Sicht zu wagen
und der Grundlagenforschung das Wort zu sprechen.
Wer sie vernachlässigt und nur eng fokussierte
«angewandte» Forschung betreibt, wird bald nichts

mehr anzuwenden haben. Allzu oft erliegen wir der Versuchung, die Mängel des bereits Verfügbaren mit staatlichen Subventionen zu übertünchen. Sie aber schotten Technologien ebenso vom Wettbewerb ab wie Importzölle dies für Inlandprodukte tun. Auf kurze Sicht mögen Subventionen und Importzölle nützlich sein – langfristig verhindern sie unweigerlich die Geburt des Neuen. Wissen ist ein Kind der Vergangenheit; in einer stetig sich wandelnden Welt sichert es weder die Gegenwart noch die Zukunft. Dies vermag nur innovative Forschung, die in allem Gegenwärtigen die Hypothese der Zukunft sucht. Die Erdölkriege der letzten Jahrzehnte haben es gezeigt: Energieforschung ist auch Friedensforschung. Ich vermute, Michael Faraday hätte dem zugestimmt.

DIE GROSSE FRAGE

DIE SUCHE NACH AUSSERIRDISCHEM LEBEN

Leben wurde bisher nur auf unserer Erde gefunden. Die Entdeckung ferner Planetensysteme sowie neue Erkenntnisse über unser eigenes Sonnensystem nähren jedoch die Vermutung, dass auch andere Himmelskörper Leben tragen.

Sind wir allein – oder regt sich Leben auch anderswo im Universum? Nichts würde unser Menschenbild so tiefgreifend verändern wie das Wissen um Leben auf anderen Himmelskörpern. Doch wie könnten wir es finden? Wie wäre es beschaffen? Und wie könnten wir es erkennen? Bereits im Altertum sprachen Denker von den «vielen Welten» des Universums, und das aus dem zehnten Jahrhundert stammende japanische Märchen «Die Geschichte vom Bambusschneider» berichtet, wie die Prinzessin der Mondmenschen die Erde besucht. Doch als im frühen 17. Jahrhundert das Fernrohr die schier unendlichen Weiten des Universums offenbarte, erschien die Suche nach ausserirdischem Leben als hoffnungsloses Unterfangen.

Was ist Leben? Wissenschaftler sind sich über eine Definition noch nicht einig, doch im weitesten Sinne ist es ein chemisches System, das sich reproduziert und durch zufällige Variation und Selektion immer komplexer wird. Auf unserer Erde braucht es dafür eine Energiequelle, flüssiges Wasser, organische Moleküle, die Elemente Wasserstoff, Kohlenstoff, Sauerstoff, Stickstoff, Schwefel und Phosphor sowie Spuren anderer Elemente. Wo immer auf unserer Erde diese Bedingungen erfüllt sind, gibt es Leben. Doch welche ordnende Kraft schuf die komplexen Moleküle, aus denen irdisches Leben entstand?

Ein wichtiger Fingerzeig kam aus dem Weltall: Am 27. Dezember 1984 fanden Forscher im antarktischen Eisfeld Allan Hill einen 1,93 Kilogramm schweren Meteoriten, dessen chemische Zusammensetzung ihn als einen der ältesten Teile unseres Sonnensystems auswies. Ein gewaltiger Meteor hatte ihn offenbar vor etwa 4 Milliarden Jahren aus dem jungen Planeten Mars herausgeschlagen. Er war dann an dessen Oberfläche liegengeblieben, bis ihn ein anderer Meteor vor 15 Millionen Jahren auf eine lange Irrfahrt durch das Sonnensystem schleuderte, die erst vor 13 000 Jahren im antarktischen Eis unseres Planeten endete. Am 6. August 1996 liess dieser «ALH-84001-Meteor» dann die Welt aufhorchen: Forscher der US-Raumfahrtbehörde hatten in ihm komplexe organische Moleküle, darunter sogar Bausteine von Proteinen, nachgewiesen. Ja, mehr noch – im Elektronenmikroskop glaubten sie Strukturen zu erkennen, die versteinerten Bakterien glichen. Handelte es sich um Zeugen einstigen Lebens auf dem Mars? Die allgemeine Begeisterung erfasste sogar den damaligen Präsidenten Bill Clinton, der diese «epochale Entdeckung» im Fernsehen verkündete.

Spätere Untersuchungen nährten jedoch den Verdacht, dass diese Strukturen keine Bakterienfossilien, sondern rein mineralogische Formationen waren. Die reiche Palette komplexer organischer Moleküle liess jedoch keinen Zweifel daran, dass sich solche Moleküle bald nach der Geburt unseres Sonnensystems gebildet hatten. Dass dies chemisch plausibel ist, hatte der damals 23-jährige Student Stanley L. Miller bereits im Jahre 1952 in einem legendären Vortrag an der Universität Chicago verkündet: Er hatte eine Gasmischung, die der frühen Erdatmosphäre glich, über Tage oder Wochen mit elektrischen Entladungen bombardiert und dabei komplexe organische Moleküle erzeugt – darunter auch Bausteine von Proteinen. Einer der vielen prominenten Zuhörer, die Millers Worten gebannt lauschten, war der Physiker Enrico Fermi. Auf dessen skeptische Frage «Wissen Sie, ob sich so etwas auch auf der jungen Erde abgespielt hat?» antwortete Millers Doktorvater Harold C. Urey schlagfertig: «Wenn Gott es nicht so tat, vergab er eine einmalige Chance.» Später zeigten empfindliche Analysen, dass in derartigen Versuchen Millionen verschiedener Moleküle, darunter auch die vier Bausteine der Erbsubstanz DNA, entstehen. Das Gasgemisch muss jedoch – ähnlich wie die frühe Erdatmosphäre – frei von Sauerstoffgas sein, da sonst die gebildeten organischen Moleküle durch Oxidation wieder zerstört würden. Unsere heutige Erdatmosphäre, die zu einem Fünftel aus Sauerstoffgas besteht, würde deshalb die Bildung komplexer Moleküle aus einfachen Gasen – und damit wohl auch die Entstehung von Leben – wirksam unterbinden.

Auf unserer Suche nach ausserirdischem Leben beschränkten wir uns lange darauf, die Planeten und Monde unseres Sonnensystems mit immer leistungsfähigeren Fernrohren zu beobachten, Meteoriten zu untersuchen, im elektromagnetischen Rauschen des Universums nach «intelligenten» Signalen zu forschen und solche Signale aus gewaltigen Antennen in die Tiefen des Weltalls zu senden. Nun aber sind unsere schärfsten Späher unbemannte Raumsonden, die wir auf genau vorberechneten Bahnen in unser Sonnensystem entsenden. Sie umkreisen ferne Planeten und Monde, vermessen sie mit hochempfindlichen Geräten, fotografieren sie und landen manchmal sogar auf ihnen, um den Boden und die Atmosphäre genauer unter die Lupe zu nehmen. Die Daten und Bilder, die sie uns zur Erde senden, zählen zu den schönsten und erhebendsten, welche die Wissenschaft uns je bescherte. Sie künden von Jahreszeiten, Sandstürmen und ausgetrockneten Flüssen auf dem Planeten Mars sowie von Geysiren, Seen aus flüssigem Methan, Gasausbrüchen, gewaltigen Gebirgen und erloschenen Vulkanen auf den Monden der Planeten Jupiter und Saturn. Ihre vielleicht wichtigste Botschaft ist, dass viele dieser Himmelskörper genügend Wasser tragen, um erdähnliches Leben zu ermöglichen. Und einige von ihnen besitzen auch eine Atmosphäre, in der Wasserstoffgas, Äthan und Acetylen unter Freisetzung von Energie Methan bilden und so dem Leben Energie liefern könnten.

Keine dieser fremden Welten ist geheimnisvoller als der Saturnmond Titan, auf dem die Raumsonde Huygens am 14. Januar 2005 landete und den die Sonde Cassini seither immer wieder umkreist.

Diese Sonden zeigten uns, dass Titan nicht nur einen eisenhaltigen Kern, Seen aus flüssigem Methan sowie unterirdische Becken aus flüssigen Ammoniak-Wasser-Gemischen, sondern auch eine eindrückliche Atmosphäre besitzt. Sie enthält hauptsächlich Stickstoff und Methan sowie Spuren komplexer Moleküle und ist so dicht, dass in ihr Menschen dank der geringen Schwerkraft dieses Mondes mit angeschnallten Flügeln wie Fledermäuse fliegen könnten. Zudem ist sie reich an bräunlichen organischen Stoffen, die frappant jenen gleichen, die der Meteor ALH 84001 mit sich trug und Stanley L. Miller in seinen elektrisch bombardierten Gasgemischen vorfand. Diese Stoffe sorgen auf Titan für einen derart dichten Smog, dass die Oberfläche dieses Mondes selbst bei Tag einem asphaltierten Parkplatz in der Abenddämmerung gleicht. Auf Titan ist es zwar mit minus 179 Grad Celsius unwirtlich kalt, doch in tieferen Schichten könnte der radioaktive Zerfall instabiler Elemente im innersten Kern des Mondes für wesentlich mildere Temperaturen sorgen. Ist Titan eine kosmische Retorte, in der sich Leben zusammenbraut? Oder regt sich in dieser Retorte bereits Leben, das wir noch nicht erkannt haben?

Verglichen mit diesem wundersam unruhigen Mond ist der rote Planet Mars ein kosmischer Greis.

Das Wasser, das einst reichlich auf ihm floss, ist längst zum Eis der Polkappen oder zu Permafrost erstarrt, und auch seine Atmosphäre aus Kohlendioxid und Stickstoff ist dünn geworden. Anders als die Atmosphäre des Titan enthält sie jedoch auch etwas Sauerstoff. Stammt dieses Gas von Lebewesen? Der Nachweis unterirdischer Wasserreservoire und die relativ hohe Oberflächentemperatur von bis zu minus 5 Grad Celsius lassen viele Astrobiologen vermuten, dass es auf dem Mars einst Leben gab oder noch immer gibt, doch die unbemannten Sonden, die auf dem Planeten landeten und in seinem Boden nach Leben suchten, konnten dies bisher nicht bestätigen.

Selbst wenn Leben in unserem Sonnensystem sich auf unsere Erde beschränkte, könnte es dennoch auch auf Planeten ferner Sonnen existieren. Solche fernen Planeten senden zwar nur sehr wenig Licht aus, verdunkeln jedoch beim Umlauf um ihre Sonne deren Licht. Wir können diese winzigen periodischen Lichtschwankungen vermessen und aus ihnen und anderen optischen Daten nicht nur die Umlaufzeit und die Masse des fernen Planeten, sondern sogar auch die Eigenschaften seiner Atmosphäre ableiten. Seit dem ersten, noch unsicheren Hinweis auf einen fernen Planeten im Jahre 1992 haben Astronomen mehr als 500 weitere «Exoplaneten» entdeckt. Einige von ihnen könnten Leben tragen, weil sie weder zu weit noch zu nahe um ihre Sonne kreisen. Dies gilt in besonderem Masse für einen der sechs Planeten des roten Zwergsterns Gliese 581. Er ist mehr als 20 Lichtjahre von uns entfernt, sodass unsere derzeitigen Raumfähren ihn erst in etwa 800 000 Jahren erreichen könnten. Da nach heutigem Wissen weder ein Körper noch ein Signal schneller als das Licht reisen können, werden wir derart fernes Leben wohl kaum je eindeutig nachweisen.

Das Wort «nie» ist jedoch der Wissenschaft ebenso fremd wie das Wort «immer». Für die Existenz ausserirdischen Lebens spricht allein schon die immense Zahl ferner Planeten: Wenn die Berechnungen zutreffen, dass in den uns bekannten 125 Milliarden Galaxien etwa ein Zehntel der Sterne von Planeten umringt sind, gäbe es im Universum etwa 6×10^{18} Planetensysteme – eine Zahl mit 18 Nullen. Sollte auch nur ein Milliardstel dieser Systeme Leben ermöglichen, wären es immer noch sechs Milliarden. Dass die Natur aus ungeordneter Materie Leben schafft, mag unendlich unwahrscheinlich sein, doch wenn sie es unendlich oft versucht, wird dies nicht nur möglich, sondern sogar wahrscheinlich. Es braucht ja nur einen einzigen

Erfolg, um den Siegeszug des Lebens zu sichern – und Meteore könnten das Leben dann in die Weiten des Alls tragen. Stammt irdisches Leben von einem anderen Himmelskörper? Wir werden dies wohl erst erfahren, wenn wir es mit ausserirdischem Leben verglichen haben. Ich bin davon überzeugt, dass viele Planeten und Monde des Universums Leben tragen. Ob es sich um komplexe Vielzeller mit überragender Intelligenz, bakterienähnliche Einzeller, Systeme mit exotischen chemischen Eigenschaften oder gar um nichtchemische Systeme handelt, erscheint mir nebensächlich. Für mich wäre der Nachweis ausserirdischen Lebens die aufwühlendste wissenschaftliche Entdeckung aller Zeiten.

DANK

Viele Kollegen und Freunde haben die Geburt dieser Essays begleitet und mir mit wertvollen Ratschlägen geholfen. Mein Dank geht an Nikolaus Amrhein, Svetlana Berdyugina, Robert Berendes, Barbara Bramanti, Kurt Degeller, Christoph Dehio, Barry Dickson, Christoph Eisenegger, Wolfgang Enard, Albert Eschenmoser, Walter J. Gehring, Stephen F. Goodwin, Thomas Graf, Jost Harr, Hans Hengartner, Ruth Henneberger, Barbara Hohn, Hans Hollmann, Christian Körner, Eric Kubli, Helen Leuninger, Anke Lüdeling, Christoph Moroni, Ernst Müller, Matthias Peter, Antoine Peters, Jan Pieters, Ingo Potrykus, Markus Rüegg, Manfred Schartl, Michael Schultz, Peter Simon, Karl Stetter, Andreas Tammann, Michael Thomm, Wilfried Wackernagel, Caspar Wenk, Justus Uwe Wenzel, Alexander Wokaun, Andreas Ziegler und Rolf Zinkernagel.

Wertvolle Anregungen zur Verständlichkeit der Texte verdanke ich auch meiner Frau Merete – der ich dieses Buch widme –, meinen Kindern Isabella, Peer und Kamilla sowie meinem Bruder Helmut. Mein Jugendfreund und Studienkollege Heimo Brunetti hat fast jeden Essay sorgfältig durchforstet und mit hohem fachlichen und sprachlichen Können entscheidend verbessert. Ihm gilt mein besonderer Dank.

Hans-Peter Thür zeigte mir eindrücklich, wie sehr das Verständnis und die Unterstützung eines klugen und erfahrenen Verlegers die Arbeit und das Leben eines Autors erleichtern. Mein Dank gilt auch Alexandra Korpiun, die als sorgfältige und kompetente Lektorin die Geburt dieses Buches einfühlsam begleitet hat.

Über den Autor

Gottfried Schatz wurde 1936 als Sohn einer Lehrerin und eines Agraringenieurs in Strem, einem kleinen Dorf nahe der österreichisch-ungarischen Grenze, geboren. Er wuchs in Graz auf und verbrachte 16-jährig als Austauschstudent des American Field Service ein Schuljahr in Rochester (Staat New York) in den USA. Nach seinem Chemiestudium an der Universität Graz arbeitete er mehrere Jahre als Assistent an der Universität Wien und als Postdoktorand am Public Health Research Institute der Stadt New York. Von 1968 bis 1974 lehrte und forschte er als Professor für Biochemie an der Cornell University in Ithaca/USA. Im Jahre 1974 folgte er einem Ruf der Universität Basel an das neugegründete Biozentrum, an dem er 25 Jahre lang tätig war und das er zeitweise leitete. Seine wissenschaftliche Arbeit galt vorwiegend der Arbeitsweise und der Bildung von Mitochondrien, den Kraftwerken höherer Zellen. Zusammen mit anderen entdeckte er, dass diese Kraftwerke ihr eigenes Erbmaterial besitzen. Seine wissenschaftlichen Leistungen wurden durch hochrangige Preise, Mitgliedschaften in wissenschaftlichen Akademien und Ehrendoktorate ausgezeichnet. Nach seiner Emeritierung im Jahr 2000 präsidierte er vier Jahre lang den Schweizerischen Wissenschafts- und Technologierat. Während seines Chemiestudiums war er auch als Geiger im Grazer Philharmonischen Orchester und an österreichischen Opernhäusern tätig. Aus seiner Feder erschienen die Essaybände *Jeff's View on Science and Scientists* (Elsevier 2005) und *Jenseits der Gene* (NZZ Libro 2008) sowie das autobiografisch geprägte Buch *Feuersucher* (NZZ Libro und Wiley 2011). Seine dänische Frau und er haben drei Kinder.